空の探検記

武田康男

岩崎書店

空の探検家

小学生のころ、家への帰り道に、大きな流れ星(流星)を見ました。

はじめて見るそのすがたにとてもおどろき、
それ以来、星や天体について書かれた本を図書館で読みあさるようになりました。
天体現象には、「何十年に一度」というものがあります。
自分の人生で、なにが、いつ、おこるのだろう。
それらすべてを自分の目で見てみたいと思ったぼくは、百歳までの行動計画を立てました。

そうして毎日、星空を見上げるうちに、
日がしずんでいくときや、夜があけていくときの空や雲にも、
美しさやふしぎさがあることを発見しました。

おとなになったぼくは、いつしか、空の探検家になっていました。

◀前ページ：飛行機から見た雲と空

2017年、8月の夜空に見えたペルセウス座流星群の流星

空の探検記 もくじ

空の一年

春、夏、秋、冬と四季(しき)がある日本では、
どこにいても、さまざまな空を楽しむことができます。
ぼくは、山地や海辺など、その土地ならではの空をさがして旅(たび)をしたり、
くらしている場所で、一年の空の変化(へんか)を観察(かんさつ)したりしてきました。

第1章

【雨風をもたらすUFO雲】

自宅から見上げた空です。UFOのような形の雲がたくさんうかんでいました。台風や低気圧が近づいているときにあらわれるレンズ雲です。数時間後から、風がふいて雨になるでしょう。こうして空を見ることで、天気の変化も予想できます。

花粉の輪——春の空

【光がまがって、虹色になる】

太陽が電柱にかくれたら、青空に虹色の輪があらわれました。こうした現象はふつう、雲があるときにおこります。雲がないのでふしぎに思っていたら、何度か見ているうちに、スギ花粉がたくさん飛んでいる時期におこることに気がつきました。空気中を舞う花粉が太陽の光をまげるのです。「花粉光環」と名づけています。春は花粉、黄砂* など、空にちりが多い季節です。

＊黄砂……中国大陸から風にのってはこばれてくる細かな砂のこと。

空はどこがいちばん青いか

【空気が光をはねかえす】
空は、地球と宇宙のあいだにある、空気でできた空間です。昼間の空が青いのは、太陽の光にふくまれるさまざまな色のうち、青っぽい光ほど空気によって散らばり、目に飛びこんでくるためです。青空を寝ころんで見上げてみると、太陽からはなれた高い空ほど、こい青色に見えます。

春の風

【春には、強い風がふく】

春は低気圧が発達しやすい季節で、低気圧は、周りから風をあつめる性質があります。「春一番」は、春になって最初にふく強い南風のよび名です。「メイストーム（春の嵐）」は、5月ころにふく強い風のこと。こいのぼりは、風の向きと強さを教えてくれます。ぼくは、一年中こいのぼりが空にあるといいなと思っています。

春から夏へ

【梅雨は、どんより空】

雲におおわれた天気がつづきますが、この時期の雨は、生きものや生活にとってだいじな水をもたらしてくれます。

【梅雨晴れの夕やけ】

梅雨の時期にも晴れることがあります。梅雨前線の雲のむこうに晴天がひろがり、雨にあらわれた空が美しくそまりました。

【虹は、あざやかに】

春から夏は、朝夕のにわか雨が多く、雨の前後に虹が出ます。日ざしが強いため、色あざやかな虹になります。

【まぼろしの水たまり】

梅雨があけ、日ざしが強くなると、道路に水たまりのようなものが見える現象がおこります。「にげ水」といい、蜃気楼の一種です。

虹をおいかける

子どものころ、空に見つけた虹をおいかけていき、雨にぬれて帰ったことがあります。そのとき、虹が見える場所には、雨がふっていることを知りました。

それから、中学、高校と虹を見つづけ、いくつか発見をしました。虹は内側のほうがあかるいこと、内側に小さな虹色がならんでいることなど、どの本にも説明がのっていないことでした。

ふりかえってみると、虹を見ることで、科学の入口に立っていたのでした。

いまでも、虹が出そうなときは、まっ先に広い場所へ行きます。大きな美しい虹は、まるで空が祝福してくれているかのように感じます。

二重の虹
虹の外側にうっすらと、さらに大きな虹が出ました。色がさかさになるのがふしぎです。

霧にできる虹（白虹）
白色に光るめずらしい虹です。霧がかった空に出ました。霧をつくる水のつぶはとても小さく、おれまがった光がまざりあうので、このように白く見えます。

虹は、空にうかぶ水滴に太陽の光があたっておれまがり、色がわかれて見える現象です。
自分のいる場所から、太陽とは真反対の点を中心にした、大きな円の一部です。
日本では７色といいますが、ドイツでは５色、アメリカでは６色です。

入道あらわる――夏の空

【気性のあらい、こわい雲】

梅雨があけると、空にぬっとあらわれるのが入道雲です。雲の表面がぼこぼこしているのは、雲がいきおいよくふくらんでいる証拠。あたたかい地面からしめった空気がどんどん上がり、雲を成長させているのです。10分や20分もすると、山の何倍も高くなります。そしてそのあとには、はげしい雨や雷や竜巻をおこします。ぼくは何度もこわい思いをしました。

夏から秋へ

【風が雲をはこぶ】

見上げると、高い空にすじ雲やうろこ雲がつぎつぎとながれていきます。夏がおわり、高い空にふく風（偏西風）がやってきたのです。雲は、風の方向に長くのびたり、風の向きと直角に、しまもようになったりして見あきません。雲の動きはゆっくりに見えますが、上空の風は時速300kmになることも。雲も実際は、新幹線なみに速く動いています。

高く、遠く―秋の空

【雲と空気が秋空をつくる】

うろこ雲が夕日にそまりました。秋の空は、どこまでも高く、遠く、はてしない感じがします。その理由のひとつは、高い空に雲ができやすくなるから。もうひとつは、空気が乾燥するから。大陸からかわいた風がやってきて空気中に水蒸気が少なくなるので、空がどこまでもすきとおって見えるのです。

秋から冬へ

【太陽は低く、月は高くなる】

秋もなかばをすぎると、太陽がのぼる高さはしだいに低くなり、冬に向かって気温は下がっていきます。動物や植物が冬じたくを急ぐこの時期、空にはあかるい月が出ます。満月がのぼる高さは、しだいに高くなっていきます。

【空気中の水蒸気が霜になる】

気温が下がり、朝晩が冷えこむようになると、窓辺や草むらなど、あちこちで霜がさまざまなもようをつくります。車の窓ガラスについた水蒸気は、寒い朝、美しい鳥の羽に変身しました。

すきとおる青——冬の空

【一年でいちばん空がすんだ季節】

冬晴れの空は、水蒸気が少なくすきとおっていて、すいこまれそうな青さです。こんな日は星空もきれいです。冬は1等星が多く、星の観察にはぴったりの季節です。

丸い地球のむこうから―初日の出

子どものころから、初日の出は毎年かかさず見てきました。

【夜あけ】

午前5時半ころ、まだまっくらな時刻に、飛行機は羽田空港を飛び立ちました。目的地は富士山の上空です。向かうあいだに、冬の冷たく、すんだ夜空があたたかな色彩へと変わりはじめました。丸い地球のむこう側に、太陽がのぼってきたのです。

【日の出】

空の上では、日の出は、地上よりも十数分早まります。カメラをかまえていると、ちょうど、富士山のてっぺんに朝日が重なりました。飛行機は雲よりも高い空を飛ぶため、こうして、かならず晴れた空に初日の出をむかえることができます（太陽の光が飛行機の窓ガラスにいくつも反射しました）。

天空の雪工場

【冷たい風が雪雲をつくる】

関東では冬晴れがつづくころ、日本海側へと向かうと、トンネルをぬけたとたん、風景は、がらりと変わります。そこは、世界でもめずらしいほど大量の雪がつもる雪国です。はるか遠く、シベリアの冷たい高気圧からふく風が、日本海までやってきて大量の雪雲をつくり、空を灰色におおうと、どっさりと雪をふらせるのです。

冬から春へ

【太陽の光が変化する】

１月に入ると、太陽が高くのぼりはじめ、日ざしはすこしずつ強くなります。ふと見上げると、太陽のそばの高い雲が虹色にそまっていました。「彩雲」といって、光が雲のつぶにあたってまがり、さまざまな色にわかれて見える現象です。

【光と雲、気温のバトンリレー】

季節の変化は、太陽の光、つぎに雲、最後に気温の順におこります。気温は、光の変化から1か月ほどして、ようやく変わります。２月は、まだ寒く、氷がはることもあります。けれど、太陽がのぼると、氷は日ざしの強さにたえきれずに、みるみるうちにとけていきます。

空の365日

毎日午前9時に自宅（千葉県）の屋上から北の空を撮影した、2005年3月～2006年2月の1年間の空の記録です。

3月

だんだんとあたたかくなりますが、晴れとくもりの日がつぎつぎに入れかわり、冬の寒さがもどる日もありました。

※気象の分野では3月からを春としています。

1日 2日 3日 4日 5日

4日に雪がふり、撮影装置にも雪がついてしまいました。

6日 7日 8日 9日 10日 11日 12日

冬晴れのようなきれいな晴れの日は、冷たい北風がふいていました。

13日 14日 15日 16日 17日 18日 19日

高気圧におおわれると「晴れ」、低気圧がやってくると「くもり」。

20日・春分 21日 22日 23日 24日 25日 26日

低気圧がつづいて、いろいろな雲が出ました。

27日 28日 29日 30日 31日

低気圧でくもったあと、31日に東京でさくらが開花しました。

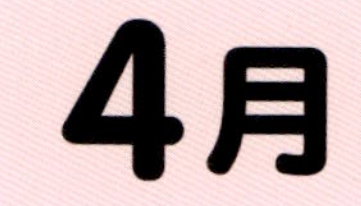

4月

気温が上がり、上昇(じょうしょう)気流で空気中にちりがふえて、青空は白っぽくなります。
これを「春霞(はるがすみ)」といいます。

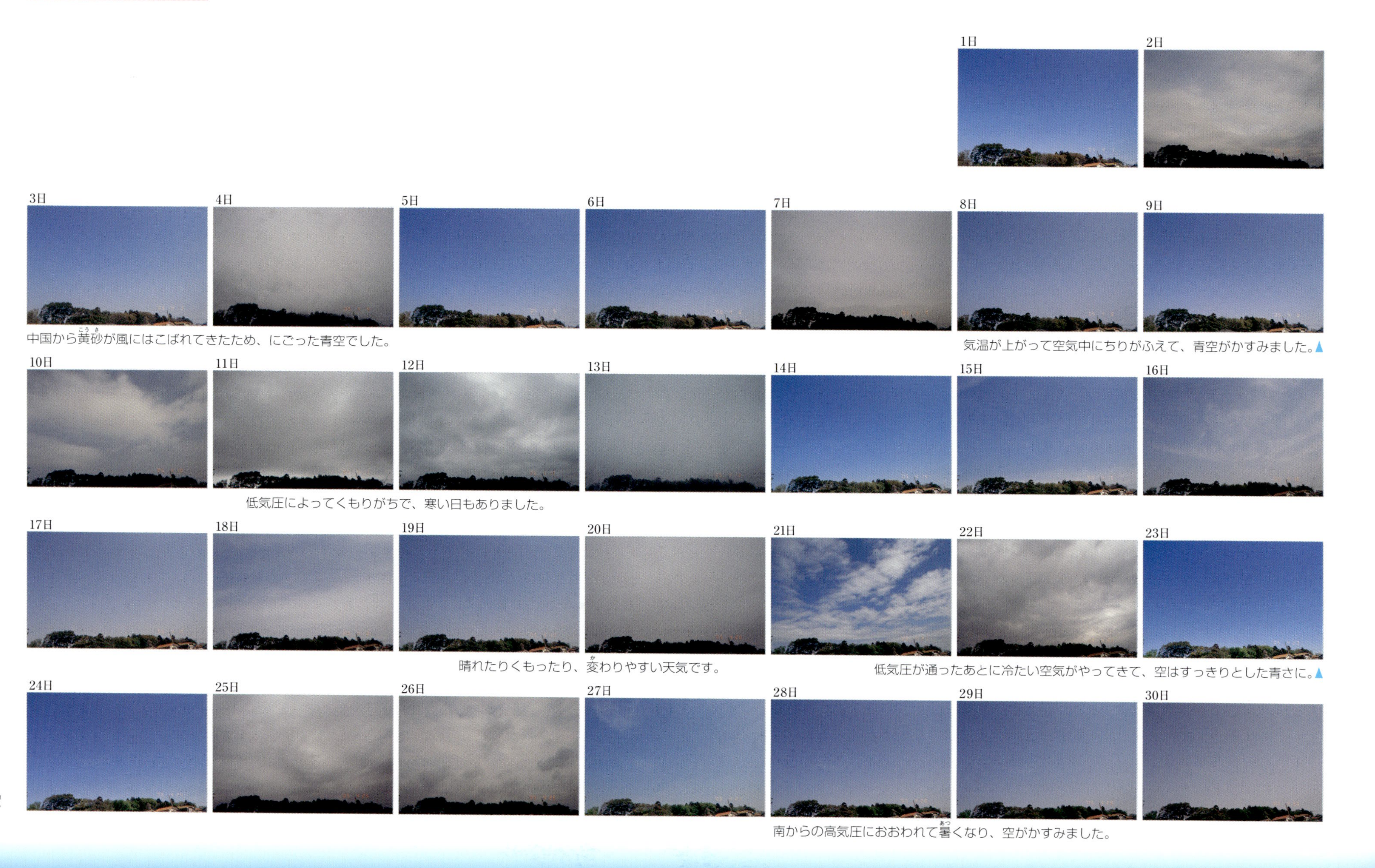

中国から黄砂(こうさ)が風にはこばれてきたため、にごった青空でした。

気温が上がって空気中にちりがふえて、青空がかすみました。▲

低気圧によってくもりがちで、寒い日もありました。

晴れたりくもったり、変(か)わりやすい天気です。

低気圧が通ったあとに冷たい空気がやってきて、空はすっきりとした青さに。▲

南からの高気圧におおわれて暑(あつ)くなり、空がかすみました。

5月

気温が上がると、空にはもくもくとしたかたまりの雲ができやすくなります。ほかにも冷たい空気によってできた雲や、急な雨もありました。

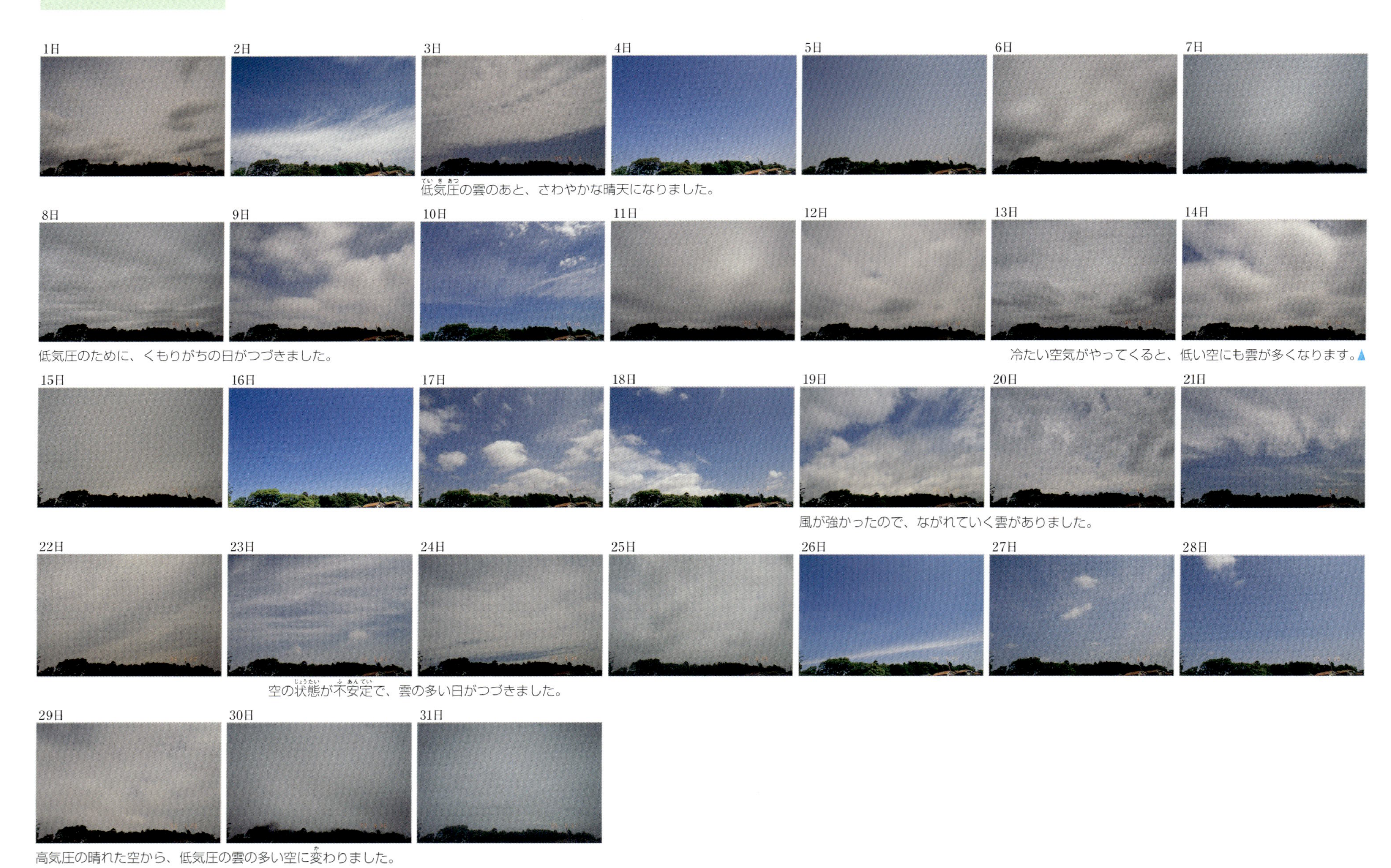

低気圧の雲のあと、さわやかな晴天になりました。

低気圧のために、くもりがちの日がつづきました。

冷たい空気がやってくると、低い空にも雲が多くなります。▲

風が強かったので、ながれていく雲がありました。

空の状態が不安定で、雲の多い日がつづきました。

高気圧の晴れた空から、低気圧の雲の多い空に変わりました。

6月

梅雨入りし、くもりや雨の日が多くなりました。
とちゅうにちょっとした晴れ間もありました。「梅雨晴れ」といいます。

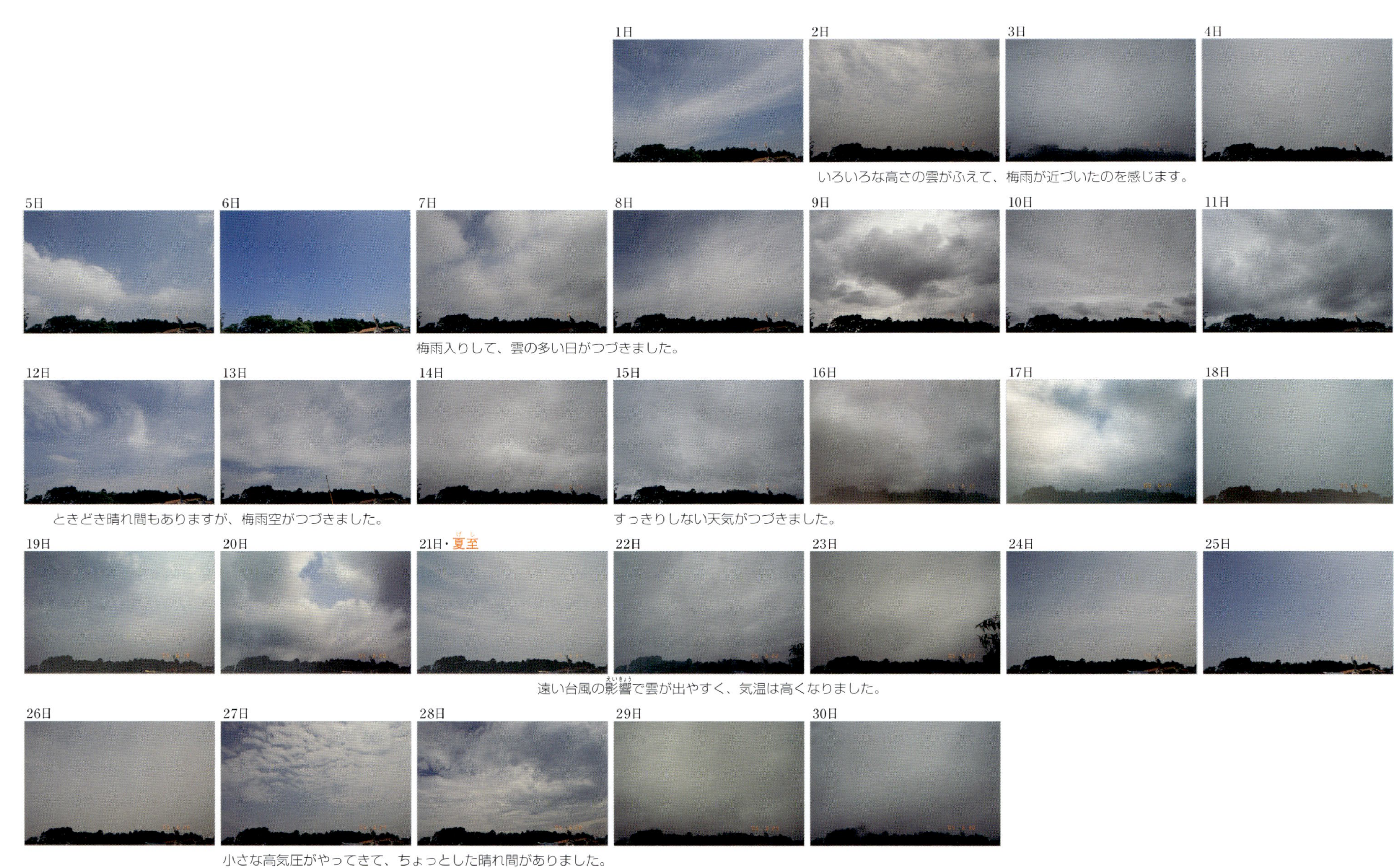

7月

夏らしい大きな雲が見られるようになりました。
この雲が出ると、気温が上がったなと感じます。
月のなかごろに梅雨があけ、台風の接近もありました。

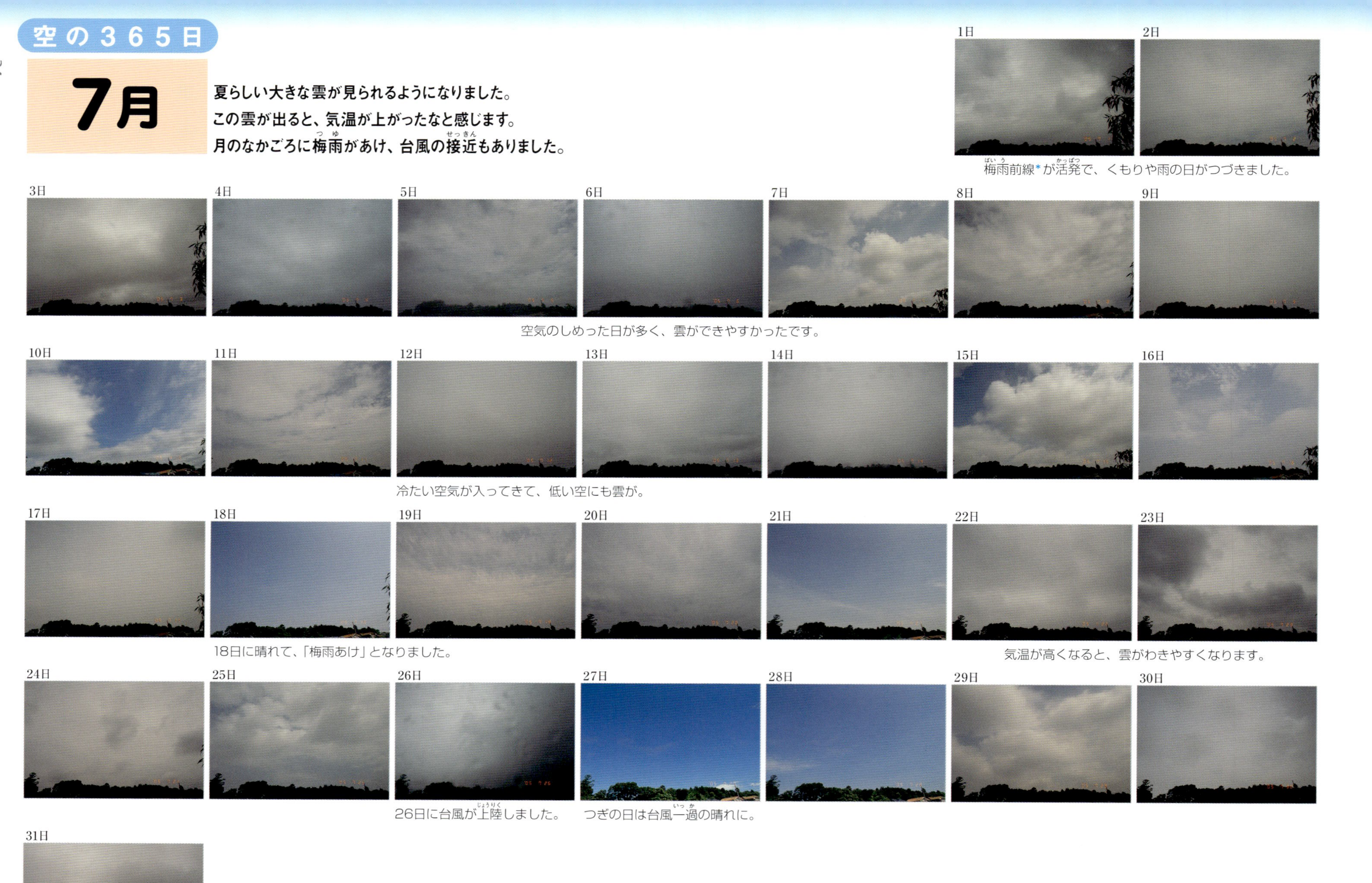

梅雨前線*が活発で、くもりや雨の日がつづきました。

空気のしめった日が多く、雲ができやすかったです。

冷たい空気が入ってきて、低い空にも雲が。

18日に晴れて、「梅雨あけ」となりました。

気温が高くなると、雲がわきやすくなります。

26日に台風が上陸しました。

つぎの日は台風一過の晴れに。

* 前線…ちがう性質の空気がぶつかる場所のこと。梅雨前線にはたくさんの雲があつまっています。

8月

夏晴れの暑い日と、前線や台風の接近によるくもりや雨の日の、両方がありました。
引きつづき気温は高く、大きな雲が出ていました。

青空に雲がわき、いかにも夏の空という感じがします。

気温が高くなり、空気がしめった感じがしました。

上空に冷たい空気が入った日は、雲がわきやすくなります。

しめった空気が入ってきたため、ときどき低い雲がわきました。

前線が近づいたため、くもりや雨の日が多くありました。

26日に台風が上陸。

そのあとは晴れたりくもったり。

9月

月のはじめはまだ暑いですが、
台風が通るたびに秋の空気へと入れかわり、気温はしだいに下がります。
空気がすんで、青空がきれいになってきました。

1日 2日 3日

4日 5日 6日 7日 8日 9日 10日

前線がやってきて、だんだんくもり空になっていきました。

秋らしい、変わりやすい天気です。

11日 12日 13日 14日 15日 16日 17日

よく晴れて、夏のような暑さになりました。

18日 19日 20日 21日 22日 23日・秋分 24日

秋雨前線がやってきて、だんだんと天気がくずれていきました。

前線や台風によって、くもりや雨が多くなりました。

25日 26日 27日 28日 29日 30日

北からの高気圧によって、晴れたりくもったり。

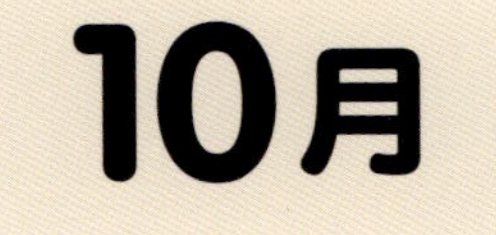

10月

秋に雨をふらせる前線を「秋雨前線」といいます。
この前線によってくもりがちですが、秋晴れの日は青空がきれいです。
空の高いところに雲があります。

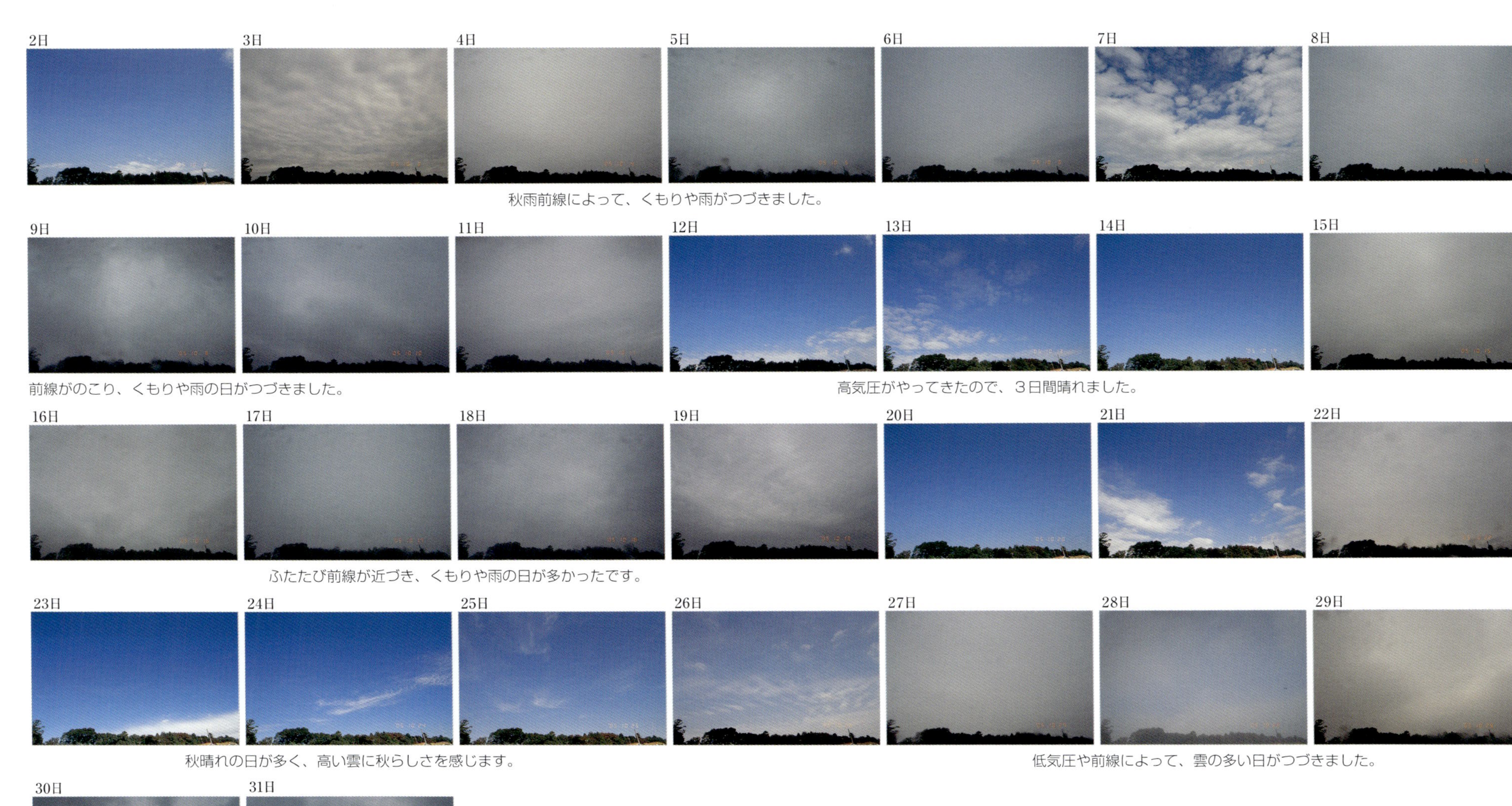

2日　3日　4日　5日　6日　7日　8日

秋雨前線によって、くもりや雨がつづきました。

9日　10日　11日　12日　13日　14日　15日

前線がのこり、くもりや雨の日がつづきました。

高気圧がやってきたので、３日間晴れました。

16日　17日　18日　19日　20日　21日　22日

ふたたび前線が近づき、くもりや雨の日が多かったです。

23日　24日　25日　26日　27日　28日　29日

秋晴れの日が多く、高い雲に秋らしさを感じます。

低気圧や前線によって、雲の多い日がつづきました。

30日　31日

11月

すんだ青空の日がふえました。ときどき低気圧が通ると雲が出ます。
高い空にながれていく雲をながめていると、上空にふく風を感じます。

大きな高気圧がやってきて、秋晴れがつづきました。

低気圧のあとで、秋晴れが4日間つづきました。

12日に木枯らし1号がふき、冷たい空気に変わりました。

冬のような天気でよく晴れ、高い雲も見られました。

晴れが多いですが、ときどき雲も出ました。

日中はあたたかいですが、朝晩は冷えるようになりました。

12月

太平洋側では、冬は雲ができにくく、空気がかわいて快晴の日も多くあります。
いっぽうの日本海側では、雲ができやすく、たくさんの雪をふらせます。

風が強く、雲も、ながされていくような形です。▲

低気圧がさると、冬のかわいた青空になりました。

11日に東京で初雪があり、そのあとで晴れました。

冬晴れがつづきました。ときどき小さな雲がながれます。

低気圧が通るときに、いろいろな雲が出ました。

すんだ冬晴れがつづき、北風のふく寒い日がありました。

1月

一年でもっとも寒い時期です。
関東ではときどき低気圧がやってきて雪をふらせましたが、
晴れがつづくときもありました。

1日 2日 3日 4日 5日 6日 7日

雲が多く、寒さで撮影装置に水滴がつきました。

8日 9日 10日 11日 12日 13日 14日

晴れがつづいたあと、10日に雪がふりました。

寒い晴れのあと、14日は低気圧によって雷雨になりました。

15日 16日 17日 18日 19日 20日 21日

真冬の寒さ。快晴とくもりの日がありました。

撮影装置に雪がつきました。

22日 23日 24日 25日 26日 27日 28日

21日に大雪となり、23日も雪がちらつきました。

冬の天気に高気圧がくわわって、晴れがつづきました。

29日 30日 31日

2月

**低気圧によって、雨がふったあとは、あたたかくなっていきました。
あたたかくなると雲がふえて、晴れる日は少なくなります。**

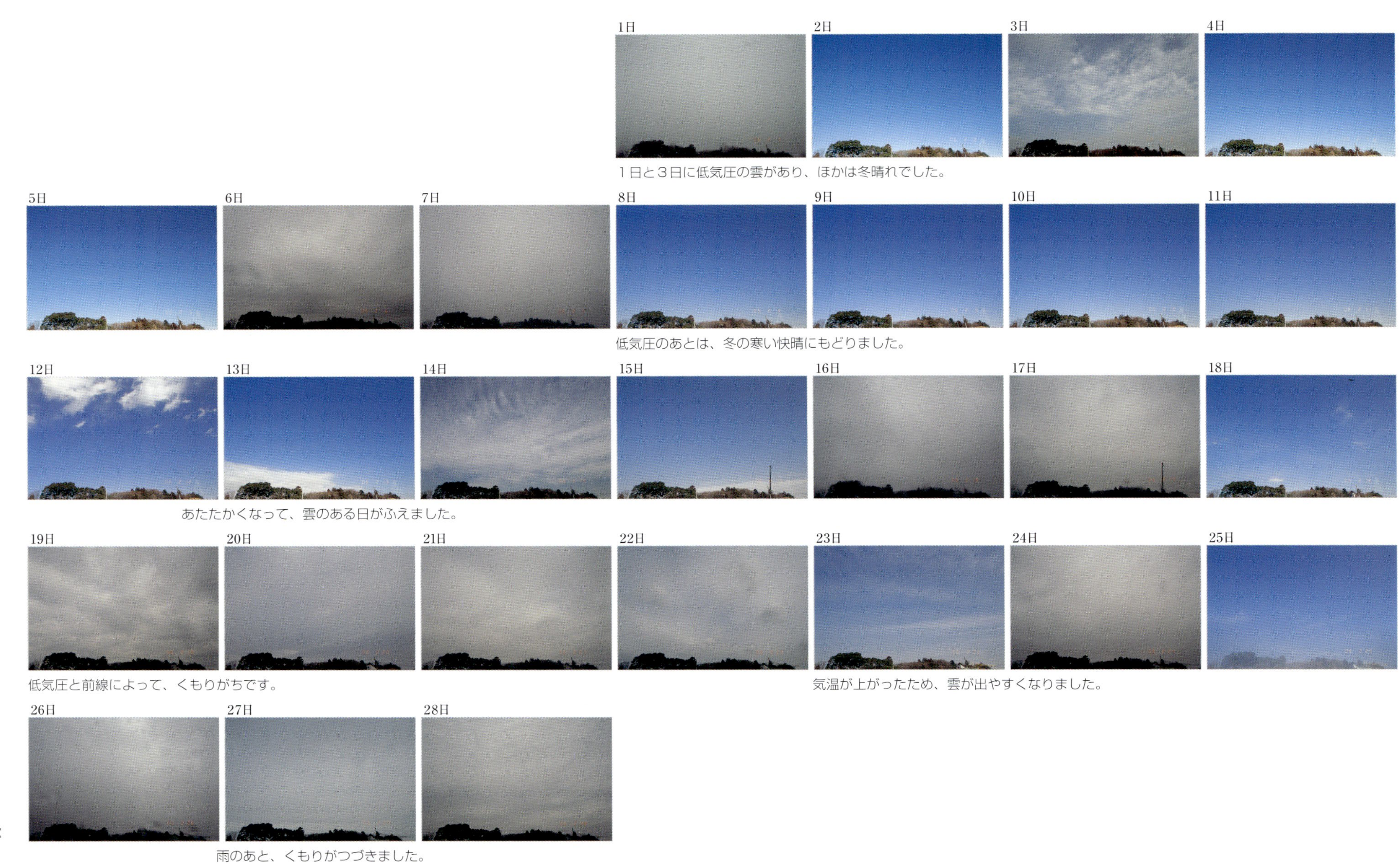

1日と3日に低気圧の雲があり、ほかは冬晴れでした。

低気圧のあとは、冬の寒い快晴にもどりました。

あたたかくなって、雲のある日がふえました。

低気圧と前線によって、くもりがちです。

気温が上がったため、雲が出やすくなりました。

雨のあと、くもりがつづきました。

蜃気楼とネッシー

蜃気楼はふしぎな現象です。水平線や地平線近くの物体が、のびたりちぢんだり、さかさになって見えるのです。日本では、富山県魚津市の海岸で春に見られるものがよく知られていますが、地元の千葉県九十九里海岸でも春、夏、冬に見られ、北海道でもいろいろな季節に出ています。

3月に福島県の猪苗代湖に出かけました。望遠レンズで対岸をのぞいていると、白鳥の形をした遊覧船が、まるで手品にかけられたように上へのびていきました。そしてそのあとで、ずっと手前の水の上に見えたのです。とてもおどろきました。

イギリスのネス湖には、まぼろしの生きもの「ネッシー」の伝説があります。もしかしたらネッシーも蜃気楼なのかもしれない、と思いました。

物体が上にのびていく蜃気楼は、まだ海や湖が冷たく、その上にあたたかい空気がやってきたときに、光がまがっておこります。

対岸に白鳥型の遊覧船が停泊していました。右には建物が見えます。

白鳥の首が、ろくろ首のように上にのびていきました。

白鳥の首はちぢんで、さらに、ずっと手前（写真の下の方）で建物とともにさかさに見えました。

雲の観察

空がおもしろいのは、雲があるからです。
雲ひとつない青空が何日もつづくと、空はすこし、たいくつです。
日本は季節の変化とともに、いろいろな雲がつぎつぎと空にあらわれます。
雲を知ると、空はずっと身近になります。

第2章

【水の雲・氷の雲】

雲は小さな水のつぶのあつまりです。また、あまり知られていませんが、氷のつぶでできた雲もあります。

富士山(ふじさん)の8合目、標高(ひょうこう)約3,400mから、ふたつの雲を観察しました。頭上にあるのは「すじ雲」で、氷の雲です。足元は「うね雲」で、こちらは水の雲。氷の雲は光が通りぬけてまっ白くかがやきます。いっぽう、水の雲は光を通しにくいので、かげができます。

入道雲の一生

入道雲は、水や氷のつぶでできた、大きなかたまりの雲です。1時間半の変化を写真におさめることができました。

1—遠くに、成長していく入道雲を見つけました。雲のはばがあって、かたまりがしっかりしているので、この雲を観察することにしました。

2—下からふき上げるしめった空気によって、雲はどんどん上へふくらんでいきます。高度10kmをこえたところで成長がとまりました。雲の下は、はげしい雨と雷です。

3─雲が下がっていきました。もう上へふくらんでいくいきおいがないのです。まだ雨がふっていて、そこに太陽の光があたって虹ができました。

4─雲がこわれていき、風にながされて、だんだんなくなっていきます。このあとには、空の上のほうに、すじ雲やうろこ雲がのこりました。

雲の温度

水や氷でできた雲。
いったい、何℃なのだろう。
装置をつかってはかってみました。

※下の小さな画像は温度の差を色であらわしたサーモグラフィです。
左上の数値は、画像のまん中あたりの温度をしめしています。
色の帯は、最高温度（白い部分）と最低温度（青い部分）をしめしています。

❖わた雲

低い空にうかぶ雲です。山へ行くと、この雲のなかに入ることもあります。山では、気温は地上から1,500m上がると10℃くらい下がります。そこで、山の気温とおなじくらいと予想しました。結果は13℃ほどで、予想どおりでした。

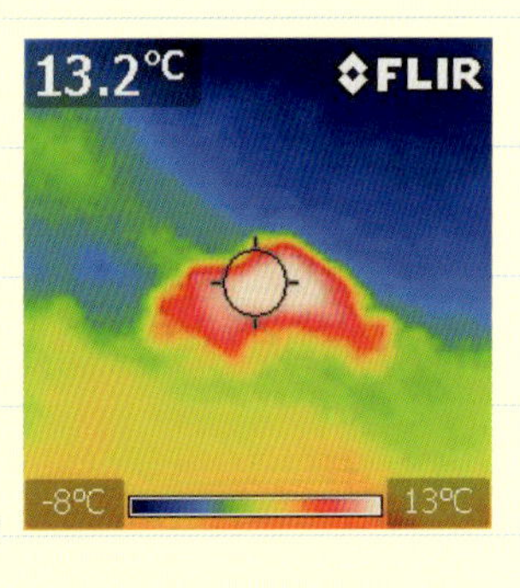

❖入道雲

低い空から高度10kmくらいまで成長する雲です。成長のとちゅうで温度をはかってみると、まん中のあたりはわた雲とおなじくらいの温度で、雲の上のほうへ行くにつれて、温度が低くなることがわかりました。

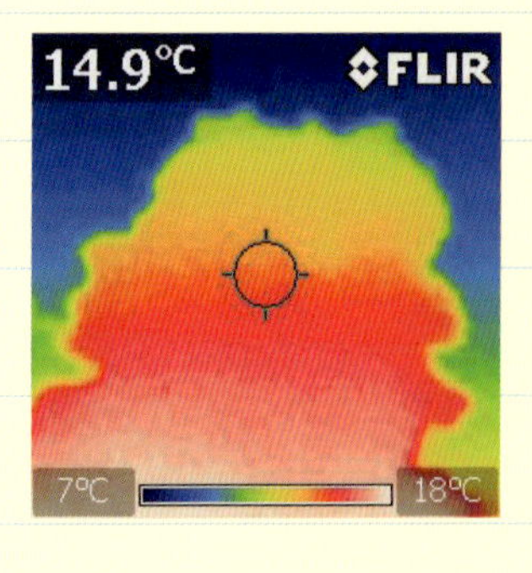

❖ひつじ雲

富士山よりも高い空にある雲です。温度は−15℃ほどでした。しかし、この雲をつくっているのは水のつぶです。とても小さな水のつぶは、なかなか凍ることができないのです。−20℃以下で、ようやく氷のつぶになります。

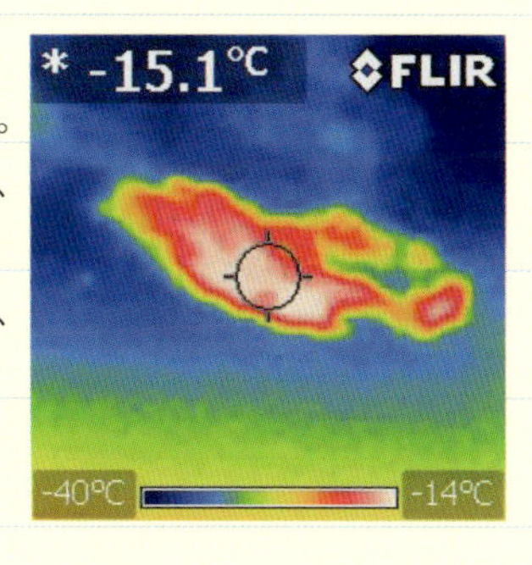

❖すじ雲

高度10kmくらいのもっとも高い空にある雲です。つかった装置では、−40℃までしかはかることができません。雲の温度は、−40℃以下ということがわかりました。雲をつくるつぶは、すべて凍って氷になっています。

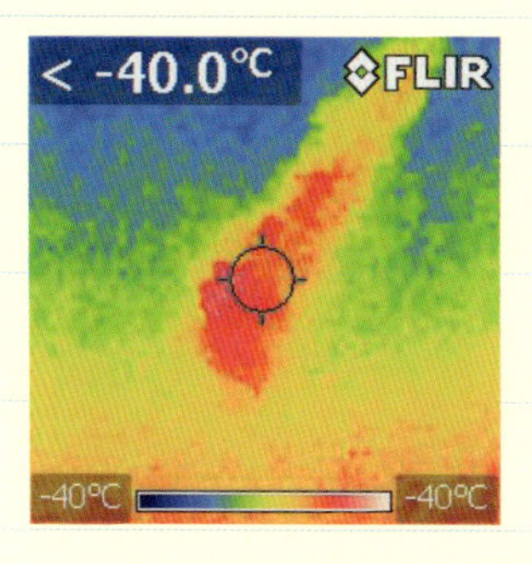

雲のなかまわけ

[10種類の雲]

雲を見わけるコツは、高さと形。
高さは、高い・中くらい・低いの3つ。
形は、すじ・ひろがる・かたまりの3つ。
今日はどの雲が出ていますか?

※国際基準にもとづく雲の分類を紹介しています。

❖すじ雲(巻雲)
高い空に、風にながされてすじのようにのびたり、鳥の羽のような形になったりします。白くかがやいて見える氷の雲です。

❖ひつじ雲(高積雲)
中くらいの高さの空に、たくさんのかたまりがうかびます。水の雲で、かたまりはうろこ雲よりも大きく、ひつじのむれのようです。

❖きり雲(層雲)
とても低い空に、霧のようにひろがる雲です。水の雲で、高いビルはこの雲のなかに入ってしまいます。

❖うね雲(層積雲)
低い空に、灰色のかたまりがのびます。水の雲で、この雲がひろがると太陽の光がさえぎられて空がくらくなります。

❖**うす雲（巻層雲）**

高い空に、白くうすくひろがります。氷の雲です。太陽の光が氷のつぶにあたっておれまがり、光の環ができます。

❖**うろこ雲（巻積雲）**

高い空に、小さな白いかたまりがたくさんうかびます。魚のうろこのようです。ほとんど氷のつぶでできています。

❖**あま雲（乱層雲）**

中くらいの高さの空にひろがる、うすぐらい雲です。水の雲ですが、上のほうは氷です。しとしとした雨を長い時間ふらせます。

❖**おぼろ雲（高層雲）**

中くらいの高さの空に、灰色にひろがります。水の雲で光を通しにくく、太陽や月がぼんやりと見えます。

❖**わた雲（積雲）**

低い空に、わたがしのようにうかびます。水の雲で、あたたかいとできやすく、背が高くなることもあります。

❖**入道雲（積乱雲）**

低い空から高い空まで成長する、大きなかたまりの雲です。水と氷の雲で、強い雨や風、雷などをおこします。雷雲ともよびます。

雲の正体

【水のつぶはまん丸】

空にある水のつぶは、どんな形でしょうか。山に出かけて、低い雲のなかに入ってみたものの、つぶはとても小さくて、形まではわかりません。
霧がひろがったある朝のこと。クモの巣にたくさんの水滴がついていました。霧をつくるとても小さな水のつぶが、巣にくっついてまとまったのです。水は、「表面張力」という力によって、丸くなろうとする性質があります。雲をつくるつぶも、おなじ形でしょう。

雲はなぜ白い

【つぶが光を反射する】

海や川も水のあつまりなのに、なぜ雲だけが白く見えるのでしょう。自然のなかにヒントを見つけました。高原に霧雨がふって、カラマツの葉に水滴がつきました。水滴があつまっているところは、光を反射して白っぽく見えます。雲が白く見えるのも、「たくさんのつぶのあつまり」だからです。

✤雲の色と太陽

雲は昼間は白いですが、夕方になるとだいだい色に見えます。よく観察すると、雲は、そのときの太陽とおなじ色をしています。雲は太陽の光を反射しているのです。太陽の光があたらないと、黒く見えます。

探検ノート 3

地球のくしゃみを見にいく

火山はそれぞれ性質がちがいます。よく調べたうえで、あぶなくない範囲で噴火のようすを見に出かけています。

2018年に九州の新燃岳で噴火がおこりました。撮影機材を準備して現地へ向かい、風下では灰がふるので、風向きを読んで安全な場所から見まもりました。噴煙は数千ｍも上がって、はげしい音も聞こえました。

火山噴火は災害になるのでおそれられていますが、地球が生きている証拠です。地球の中心は、約6,000℃の熱さがあります。これは、太陽の表面とおなじ温度です。その熱によって地球の内部の岩石が液体のように動き、地震や火山活動がおこっています。だから、噴火はいわば、地球がくしゃみをするようなものです。

大きな火山噴火がおこると灰は空高く上がります。大量の灰が上空の風にはこばれて地球を取りまき、太陽の光を弱めることもあります。

夜に新燃岳の噴火口からふき出す溶岩

風が雲をつくる—かさ雲

【雲のもとは、しめった風】

富士山(ふじさん)をかけ上がる風が、おもしろい形の雲をつくりました。おじぞうさんのかぶる笠(かさ)に似(に)ているため、「かさ雲」とよばれます。しめった風が山をのりこえるときに、風にふくまれる水蒸気(すいじょうき)が冷やされて水のつぶになり、この雲ができます。風が山をこえると、水のつぶは水蒸気にもどります。新しい風がつねに山に向かってふきつづけているため、雲がとどまっているように見えます。

風下の巨大雲(きょだいぐも)——つるし雲

【かさ雲の兄弟雲】

かさ雲をかぶった富士山の風下に、巨大な雲がぽっかりとうかんでいました。「つるし雲」です。かさ雲をつくったしめった風は、山をおりたあとで、ふたたび上空に上がります。そこでまた冷やされて、この雲ができます。山の左右を回りこんだ風もぶつかって、独特の形になりました。かさ雲とつるし雲が出ると天気が悪くなりやすく、このあと雨になりました。

風のうずの雲―ロール雲

【風の境目にできる雲】

空にはさまざまな風がふき、いろいろな形の雲をつくります。頭上に長く大きなロール状の雲を見つけました。その場でゆっくりと回転しています。山をこえた風が、海からふく風とぶつかって、ふたつの風の境目に、うずができたのです。海の風はしめっていて、冷えて雲になりました。

✤雲のでんぐりがえし

ケルビン・ヘルムホルツ雲は、小さなうずまきがならぶ、めずらしい雲です。上下の風が、右から左へとちがう速さでながれていて、ふたつの風の境目にうずができているのです。上の風のほうがちょっと速いようです。

ぼくの飛行機雲コレクション

気温や湿度によって、できたりできなかったりして、いまだにふしぎです。

飛行機雲は、エンジンから出た水蒸気とちりが、冷えて氷のつぶになってできます。
エンジンが4つの飛行機です。

下から夕日があたって、巨大な彗星のようです。

空の手品。飛行機が出した熱によって雲がきえ、排気によってふたたび雲ができています。

飛行機による空気の波や上空の風のながれが、雲を波うたせます。

モンゴル上空にて。低い空にのこった雲がヘビのようでした。

うす雲にできた環（日がさ）のなかを飛行機が通りました。

富士山の上空は空の交差点。天気が悪くなるときは雲が空に太くのこります。

せまる雲

【天気のわかれめ】

左のほうから、ぶきみな雲が
せまってきました。地平線のうすぐらい
部分では、はげしく雨がふっています。前も見えず、
歩くこともできないくらいの雨で、雷もおこります。いっぽう、
右の空はまだ晴れています。積乱雲の下で、こうして天気がはっきりわ
かれることを「馬の背をわける」といいます。こんなときは、身の安全
をまもる方法を考えながら、いそいで撮影の準備に取りかかります。

竜巻が生まれる

竜巻は近づくととてもきけんなので、
遠くから見られるチャンスをねらっていました。

【風のうずが竜巻をおこす】
入道雲（積乱雲）ができるところでは、しめった空気が下から上へとふき上げています。この空気のながれがうずとなって、だんだん細く、速くなると竜巻が発生します。はじめに、雲の下の面に、先のとがった「ろうと雲」ができます。それがゆっくりとおりてきて、地面や海面にとどくと竜巻になります。この写真のろうと雲は、竜巻にはなりませんでした。

【海上の竜巻】

入道雲（積乱雲）の底に、小さな針の先のようなものがあります。ろうと雲です。竜巻になってきえるまで、十数分間じっくり観察しました。ろうと雲はいくつかあらわれ、おたがいに回りながら、１本だけがゆっくりと海までおりていきました。まさに「竜」のようでした。

雲のつぶが落ちてくる—雨

雨は、雲をつくる小さなつぶが雲のなかで大きく成長し、その重みで地上に落ちてきたものです。

【とらえられた雨つぶ】

雨上がり。雨つぶがクモの巣にくっついていました。ふってくる雨つぶの直径は0.1mmから最大で8mmほどです。大きいつぶは、たくさんの空気がぶつかるので、やや平たい形で落ちてきます。

【雨のすじ】
はげしい雨がふっています。風があるので、雨のすじはななめです。この雨のなかに、小さな氷のつぶ（あられやひょう）がまじりました。

【雨つぶの王冠】
あさい水たまりのあちこちに、小さな王冠ができてはきえていきます。雨の日の楽しみのひとつです。

光る雨

【台風一過におこるドラマ】

台風一過の空は、ふだんとはまるでちがっています。この日は夕方に台風がすぎると予報されていました。雨や風がやんでから外に出てみると、まだ上空に雨がのこっていて、太陽の光があたってかがやいていました。反対の空には虹も出ました。天気の観察は、「この天気だとこんなことが見られそうだ」と、予想してから行動することがだいじです。

低い夕やけ 高い夕やけ

「夕方に空を見ないのはもったいない」。いつもそう思います。

【低い雲の夕やけ】
低い雲は、太陽がしずむころに色づきます。雲の下のほうだけが色づいたかと思うと、すぐにおわってしまいます。西の空が晴れているときは、このあと、夕やけが低い雲から高い雲へとうつっていきます。

【高い雲の夕やけ】

高い雲は、太陽がしずんで10分以上たち、空がくらくなるころに色づきます。西の空に低い雲があるときは、夕日がさえぎられるため、高い雲の夕やけはおこりません。西の空の低い雲はしだいにこちらにやってきて、天気が悪くなります。

子どものころ

小学生のころは毎日外で遊んでいました。なかまと野球をよくやっていましたが、それ以外はひとりで探検に出かけました。地図を見て知らない土地へ行き、地形や地層、植物や昆虫、そして野鳥など、いろいろなものをさがしては、それらをフィルムカメラで撮影して楽しみました。

夕方、太陽がしずむころに家に帰ることになりますが、それまでの青空と白い雲が、黄色やだいだい色、赤色と、みるみる変化していきます。いつまでもながめていると、すぐにくらくなり、家に帰ってしかられます。早くおとなになりたいと思っていました。

朝夕の空は今でも見ていてあきることがありません。これは早朝に富士山の山頂から見たようすです。町にいても、美しい朝やけや夕やけを見ることはできます。

第3章

雪と氷の世界

**雪と氷の世界は、雲や虹などの空の現象とちがって、
手に取ってたしかめてみることができます。
ときにはルーペをつかって、小さな結晶の世界ものぞいてみます。
そこにはまったくおなじものはなく、見るたびに発見があります。**

【雪の結晶】

空からふってくる雪のすがたは、さまざまです。条件がそろうと、きれいに成長した雪の結晶を見ることができます。写真は、真冬の日光で撮影しました。とうめいな結晶がふってきて、いつもとはちがう、すきとおった雪がふりつもりました。この日は風が弱く、空気はしめっていて、気温は0℃以下でした。

真夜中の雪

【雪はゆっくりふってくる】
雪は、雲をつくる氷のつぶが大きく成長し、とけずに地上にふってきたものです。風を受けながら、雨の倍以上の時間をかけて、ゆっくりと落ちてきます。真夜中にしんしんとふる雪にライトをあててみると、まるでたくさんの流星がふってくるようでした。雪が風にながされたり、回転したりしているようすがわかりました。
※約50分の1秒の間隔で光をあてて撮影しました。

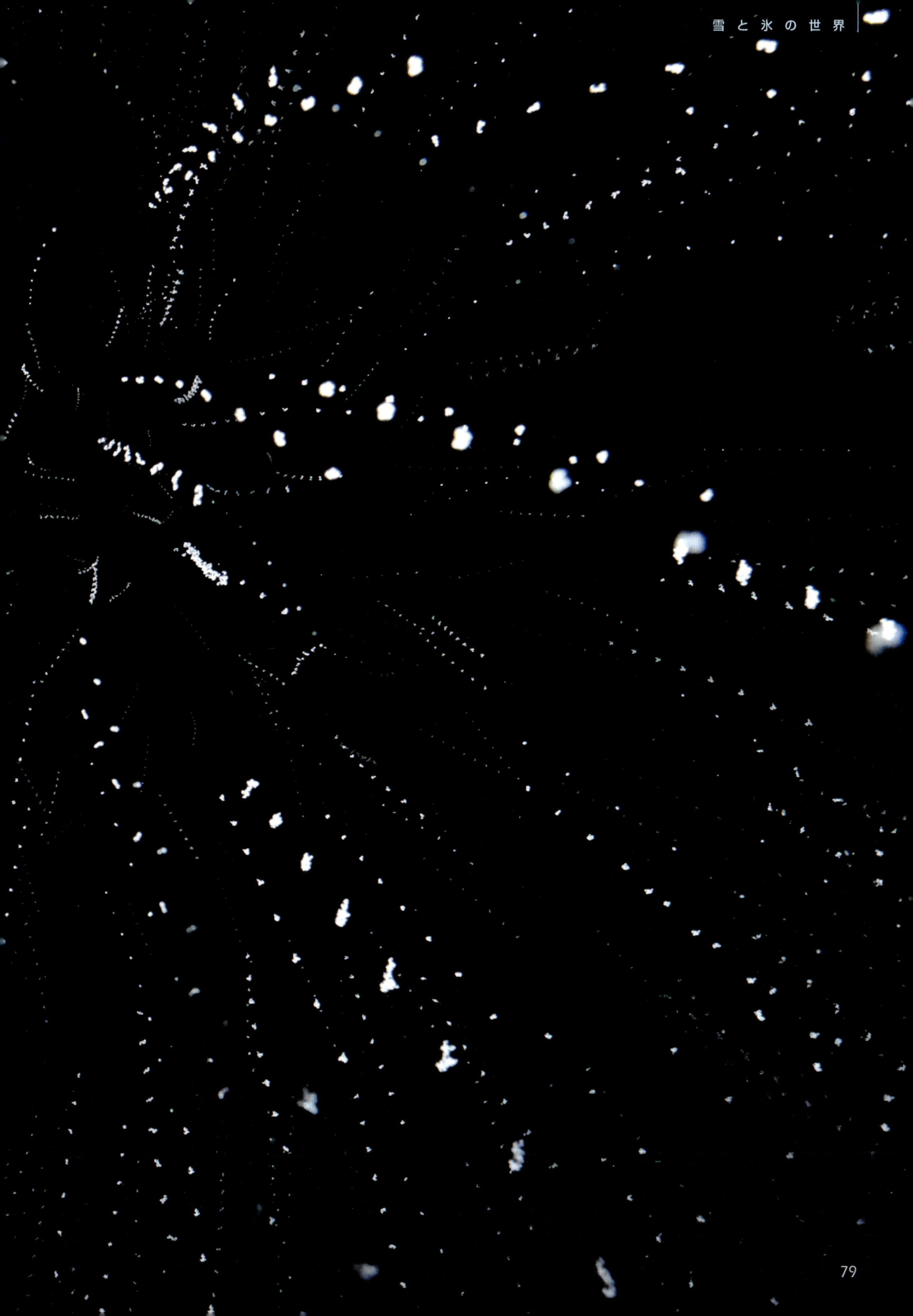

ぼくの雪の結晶コレクション

こんなにおもしろい形が空で生まれることが、しんじられません。

からみあった結晶。白っぽく見えます。

ふってくるとちゅうに、静電気でくっつくこともあります。

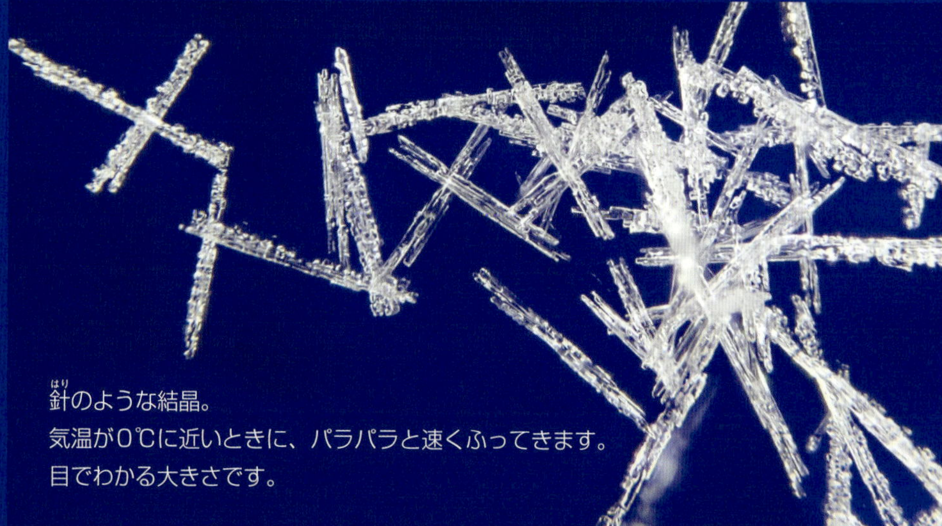

針のような結晶。
気温が0℃に近いときに、パラパラと速くふってきます。
目でわかる大きさです。

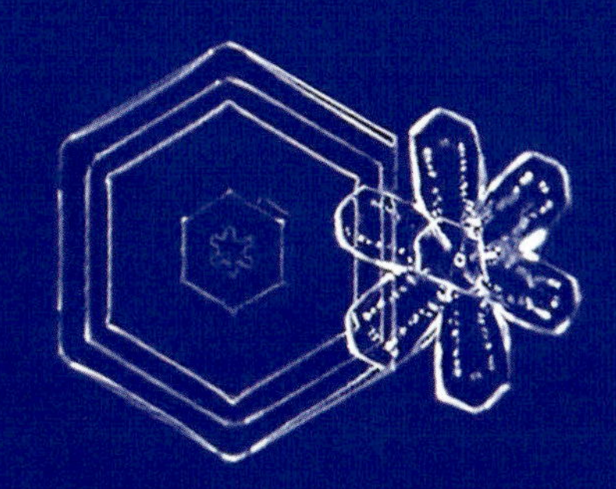

結晶のはじまりは六角形で、
1mmにみたない小ささです。なかに、空気でできたもようがあります。

湿度が高いと、周りの水蒸気がたくさんくっついて、六角形の角のある方向に出っぱっていきます。

さらに枝のようにのびていき、最大で7mmくらいに成長します。

雪の結晶の撮影

天気の条件がそろわないと、大きくてきれいな結晶はできません。雲のつぶは、雪の結晶の材料になる水蒸気よりもずっと大きいため、こい雲があると、結晶に雲のつぶがたくさんくっついて、白くなってしまいます。また、風が強いと、結晶どうしがぶつかって、くっついたりこわれたりします。気温は−5℃から−15℃くらい、晴れ間がある空から、小さな結晶がひらひらと落ちてくるときが撮影のチャンスです。

ぼくはこれまで、日本以外にも、アラスカ、モンゴル、ロシア、そして南極で雪の結晶を見ました。空気がきれいな場所ほど、雪の結晶も大きく、きれいに成長するようでした。南極にいた1年間は、顕微鏡で見ているあいだにも成長していく結晶がありました。

南極の昭和基地では、たくさんの結晶を撮影しました。筆の先でスライドガラスにのせようとした結晶が、静電気で飛んでいったこともありました。気温や湿度とともに、静電気の影響が形に出るのかもしれません。

❶六角形のなかに星のような形が見えます。

❷六角形から棒状に成長しました。

❸まん中に空気が丸くとじこめられています。

❹7mm近い大きさに成長した美しい結晶。

❺まん中から4つの結晶が成長しました。

❻内側におもしろいもようがありました。

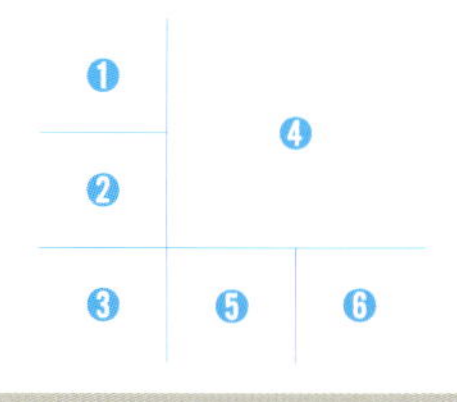

アイスモンスター──樹氷

【蔵王山の雪だるまおばけ】
冬の日本を旅すると、雪や氷の、さまざまな造形にであいます。なかでも毎年楽しみにしているのが、最大で10mにもなる、この雪だるまおばけです。正体がなにか、わかりますか？　こたえは、アオモリトドマツという針葉樹です。雪のなかは外よりもあたたかく、もしも雪をまとっていなければ、樹はきびしい寒さで死んでしまうでしょう。

雲が凍りつく

冬山で見られる氷の現象です。

【雲のつぶがモンスターを生む】

成長をはじめたばかりのアイスモンスターに近づいてみました。葉にはりついた白いかたまりは、雲がつくった氷です。蔵王山には、−10℃の雲が大量にぶつかってきます。雲のつぶは、葉にふれると、たちまち凍りつきます。こうして葉の氷が成長していきます。このあとで雪がくっついたり、すきまにふきこんだりして、巨大なモンスターになります。

【雲がつくった氷】

雲をつくる水のつぶが、枝(えだ)にふれて凍りました。まるで、風になびく馬のたてがみのようです。雲はどちらからやってきたか、わかりますか？ 正解(せいかい)は「左」です。雲や風がくる方向に、氷がのびていくのです。

氷のすがた

【バケツ氷の結晶】

冬の朝は、外に出てみましょう。氷点下の気温だと、身近な場所でいろいろな氷を見ることができます。この日は、バケツの氷をうらがえしてみると、思いがけない氷のすがたを発見できました。うすい氷の１まい１まいに、雪の結晶のようなもようが見えました。

水面の氷

【水たまりの氷】

氷が白いのは、その下に水がついていないからです。
蒸発してしまったのかもしれません。足をのせると、
パリパリとかわいた音を立ててわれました。
まわりの土は、芝生のようにもり上がっています。
霜柱です。土のなかの水分が地面のあたりで凍り、
柱状に成長したものです。

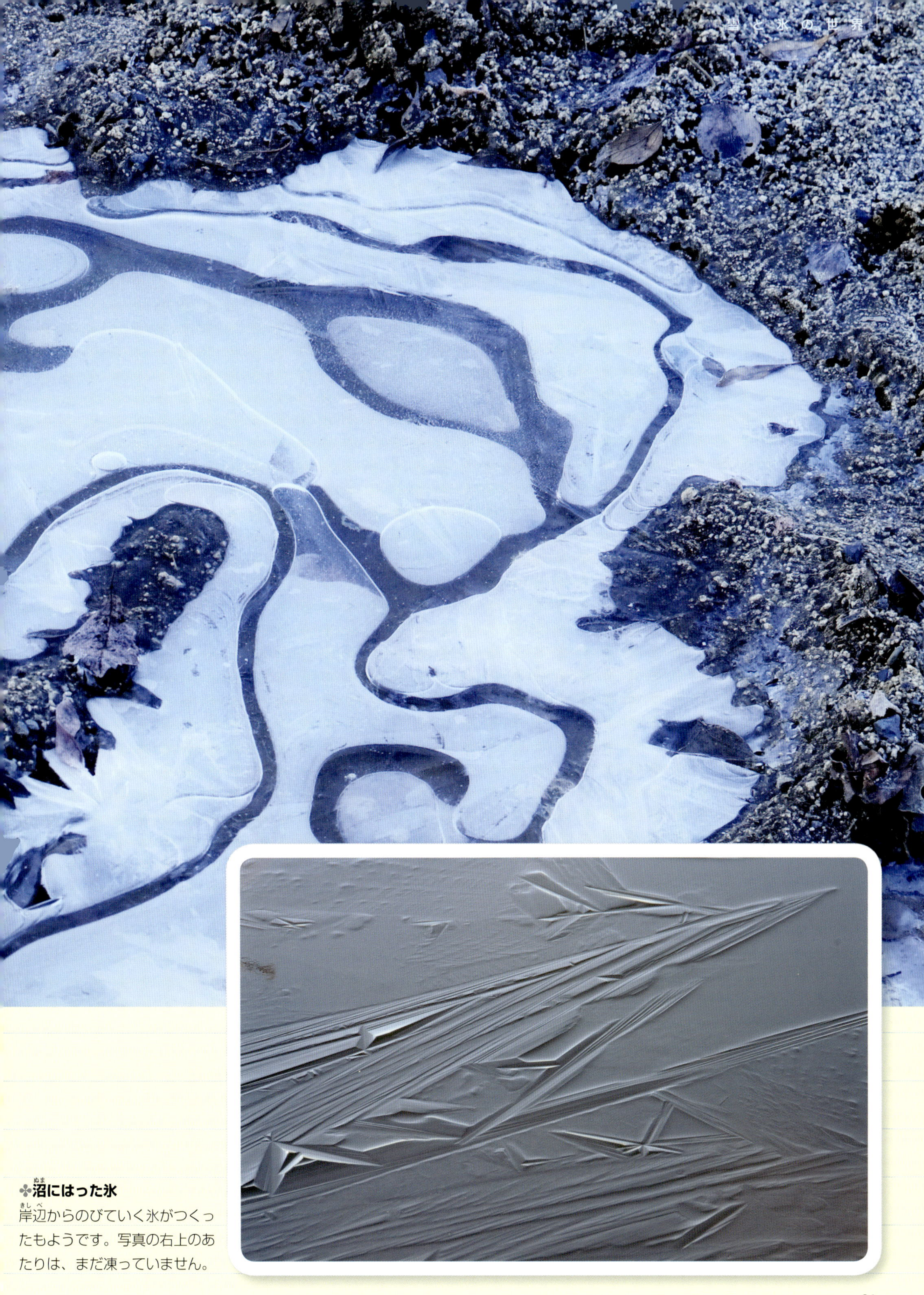

✤沼にはった氷
岸辺からのびていく氷がつくったもようです。写真の右上のあたりは、まだ凍っていません。

霜のもよう

【水蒸気が凍る】

霜は、空気中の水蒸気が凍りついてできます。水蒸気が空から下りてきて、冷たいものや出っぱったものにくっついて成長するのです。霜の形は、気温や、霜がつくものによって変わります。

凍った雨つぶ

【とけた水がふたたび凍る】

雪とも雨ともつかず、地面に落ちるとポンポンとはねる氷のつぶを見つけました。直径は1、2mmほど。日本の雨は、高い空では凍っていて、落ちてくるときにとけて雨になります。このとき、地面の近くの気温が氷点下だと、雨は凍ってしまいます。「凍雨」といいます。

つらら の成長

気温が氷点下まで下がる場所では、
つららをさがして歩きます。

【つららの赤ちゃん】

ものほしざおの下に、小さなつららを見つけました。雨がしたたり、そのまま凍ってつららの赤ちゃんができたのです。なかには空気がとじこめられています。さおの上面には、ふってきた雨が凍りついていました。

✣まがったつらら

軒先(のきさき)のつららは、屋根につもった雪が熱でとけて、したたり落ちるときに凍ってできます。つららの外側をさらに水がつたわっては凍って、太く長くなっていきます。風が強かったり、屋根の雪がずれたりすると、まがったつららになります。

水辺のふしぎな氷

寒い日には、ちょっとかわった氷をさがしに、湖や川へも出かけます。
気温が高くなるとすぐにとけて、すがたをけしてしまいます。

【水ぎわのつらら】
湖面の水が波うつと、岸辺の出っぱりなどにパシャパシャと水がつきます。このとき、気温が氷点下だとつららができます。波の状態は毎日変わり、つららの数や太さも毎日ちがいます。

【宙づりの氷】

湖の水面から出た草に、おもしろい形の氷を見つけました。やはり、水面がゆれるたびに水がついて凍ったのです。

【水しぶきの氷】

川岸にはねた水が岩をおおう氷になり、レースのようなつららをつくりました。ながれる川の近くなので、観察はたいへんです。滝の横にも、おなじような氷ができます。

枯れ木のつらら

【大量の水しぶきが凍る】
湖から強風にはこばれた大量の水しぶきが、落葉した木をつららのシャンデリアに変身させました。太陽の光があたるとキラキラとかがやきます。けれど、つららは、あたたまるとつぎつぎに落ちてくるので、真下に行くのはきけんです。気温が氷点下になった朝に、木にホースで水をかけてみたところ、おなじようにつららができました。

流氷とすごした夜

大学1年生の冬、流氷を見に北海道へ行きました。オホーツク海が目の前にせまる無人駅から海岸へ出てみると、浜辺には、波うちぎわをふちどるように、ぼくの背よりも高く氷のかたまりがつみ上がっていました。そして、それを乗りこえた先には、見わたすかぎりの流氷原がひろがっていました。

ここで最終列車を見送り、ひとりでひと晩、流氷とともにすごしました。気温は－15℃。たくさん服を着こんでいましたが、空気がとても冷たく感じられました。空には北斗七星などの美しい星空がひろがり、流氷が動くと、キー、キューと音がします。キタキツネが目を光らせて流氷の上を歩いていました。

この夜の経験は、その後のアラスカや南極行きにつながりました。

見わたすかぎりの流氷原。
流氷は、ロシアのアムール川の水がオホーツク海にながれこんで凍ったもので、北西の季節風にはこばれて北海道へやってきます。
流氷の下はプランクトンが豊富で、たくさんの海の生物がくらしています。

夜の空

夜には、昼間とはちがう、しずかで美しい空の世界があります。
ぼくは、きれいな星空をもとめて、まっくらな山や海辺へ出かけていきます。
そこには、人の活動する音はなく、
動物の鳴き声や風で植物がこすれる音、波の音などが聞こえてきます。

【満月がのぼる】

3月。まだ寒さがのこる林のなかを歩いていると、葉を落とした木々のあいだから、あたたかな色の満月が空にのぼっていくのが見えました。満月の夜は月あかりにてらされて、くらい星はすがたをひそめてしまいます。けれど、こんな夜の観察にも楽しい発見があります。

月の顔

月には
いろいろな表情(ひょうじょう)が
あります。

【満月(まんげつ)】
太陽がしずむと同時に反対(はんたい)の空からあらわれます。天体望遠鏡(てんたいぼうえんきょう)で観察(かんさつ)すると、たくさんのクレーターが見えます。灰色(はいいろ)の「海」は、溶岩(ようがん)がひろがったところです。

【ストロベリームーン】
夏の満月は、もやもやした空から出てきます。低い空にあるうちはだいだい色で、すこしのこった空の青さが重なって、ほんのり赤く色づいて見えます。

【地球照】

細くかがやく三日月ですが、丸いすがたがうっすらと見えています。地球にあたった太陽の光がはねかえり、月を弱くてらしているのです。

【皆既月食】

満月が地球のかげに入るとくらくなり、赤のような茶のような色になります。毎回、色がすこしちがいます。

夜の虹色

【月の彩雲】
月の光をあびて、高い雲が虹色に見えました。彩雲です。街あかりがあると見えず、くらい場所だと見ることができます。

【月光のブロッケン現象】
霧が出た夜、橋の上で月の光を背にあびたら、自分のかげが虹色につつまれて見えました。動くと、虹もついてきます。ふつうは日中、霧のかかった山に太陽の光がさしたときなどに見られる現象です。

月の道

【水面に光がのびる】
沼や湖、海辺にのぼる月はとても神秘的です。満月は空がまだあかるいうちに出てきますが、空がだんだんくらくなるとともに、月があかるさをまし、水面に光の道をつくります。太陽でもおなじように道ができますが、太陽の道はまぶしく、月の道は光がやわらかです。

✤湖の道、海の道
波がほとんどない沼や湖では、月の道は細く、くっきり見えます(左)。いっぽう、波のある海では、はばの広い道になります(右)。月の道が見える時間はかぎられていて、月が低くても高くても、道は見えません。海の場合は、すこし高い場所だと、長い時間見ることができます。

雲の発電——雷(かみなり)

【氷のつぶが電気を生む】

夜の闇のなかで雷が光ると、そこには一瞬だけ立ちあらわれる世界があります。昼間の空とまるでちがうようすに、こわさや美しさを感じて圧倒されます。雷雲（積乱雲）のなかでは、氷のつぶどうしがはげしくぶつかり、こすれ合っています。そのまさつで電気がたまり、雲のなかや、地面とのあいだにながれて光るのが稲光です。雲の下では、はげしい雨がふっています。

ぼくの雷コレクション

稲光は、いつ、どこに見えるのか、予測がむずかしい現象です。

とてもむし暑かった日。
巨大な積乱雲が発達しました。

太い落雷。
映像で撮影し、音も記録できました。

光がさまよいながら空をかけていきました。

100kmほど遠くの雷。
雲の上にひろがりました。

10kmくらい先に落雷。

遠い雷の色は赤っぽく見え、音は聞こえません。

光の柱（はしら）―スプライト

【雷雲（かみなりぐも）の上空で光る】
遠くで落雷（らくらい）がありました。するとその瞬間（しゅんかん）、雷雲の上空に、ぶきみな赤い光が立ちあらわれました。「スプライト」とよばれる現象（げんしょう）で、雷雲の上、地上40～90kmでおこる発光です。以前（いぜん）から飛行機のパイロットなどは見ていましたが、写真が撮影（さつえい）されてから正式に名前がつきました。しくみはまだよくわかっていません。

夜空の深呼吸—大気光

【空気が光をはなつ】

月あかりのない星空をなんとなくあかるく感じる夜は、夜空の空気が光っています。地球を取りかこむ大気が光る現象なので、「大気光」といいます。昼間に太陽から受け取ったエネルギーを、光として放出しているのです。くらい場所へ星空を見に出かけると、よく出くわします。緑や赤茶色に光ります。

天体観測の思い出

子どものころのぼくの1日は、昼間は外で遊んで、夜は家で天体観測や本を読むのがお決まりでした。

天体望遠鏡がほしかったけれど、そうかんたんには買ってもらえません。そこで、紙のつつを利用して望遠鏡をつくりました。けっして立派とはいえなかったけれど、それでも、月のクレーターや土星の輪を見ることができて、感激しました。その後、念願かなって反射望遠鏡を買ってもらいましたが、見方のわかる人がまわりにいなかったので、おとなの本や雑誌を見ながら、使い方や写真の撮り方をおぼえました。月や惑星を写真に撮って学校へもっていくと、先生や同級生がおどろいていました。

❶

❷ ❸

❶2018年に観測した土星。口径16cmの反射望遠鏡だと、このように輪がはっきりと見えます。

❷2018年に観測した金星。地球の空気の影響で、色がわかれて見えました。

❸1994年、木星に彗星が衝突し、地球くらい大きな、きのこ雲がふたつ見えました(下部)。

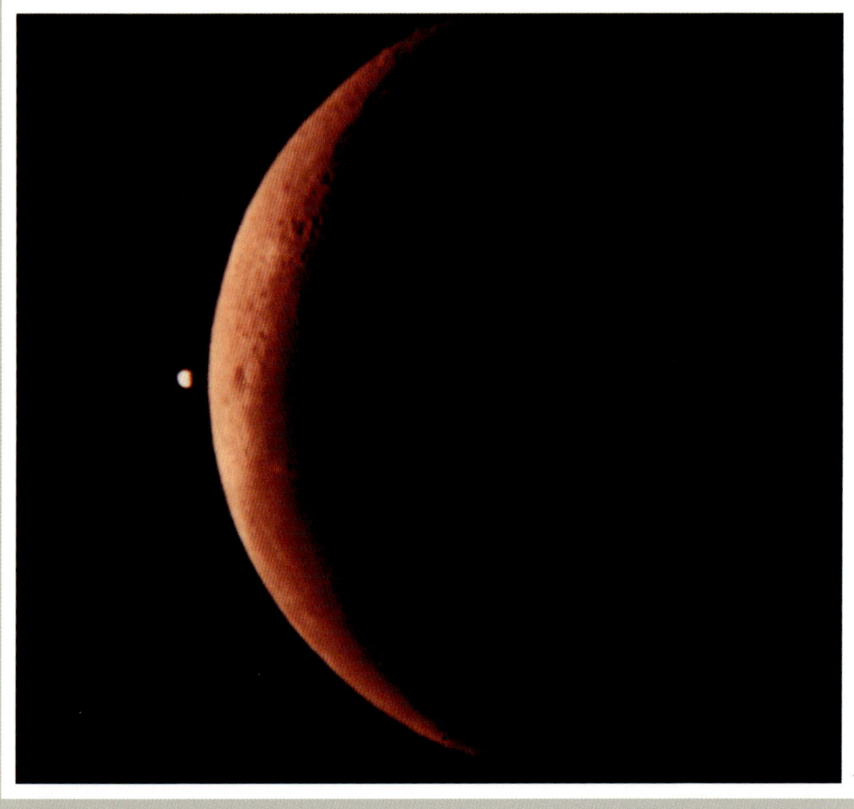

13歳のときに撮影した金星食(1974年)。
手前は月で、奥が金星。

光の海

【街が夜空を変える】

深夜2時すぎ、ぼくは富士山の7合目にいました。頭上には、たくさんの星がかがやいています。東京方面を見下ろすと、光る雲海がひろがっていました。あの光の海のなかにいる人には、たとえ雲がなくても、街があかるすぎて星はほとんど見えません。生活には便利なあかりですが、夜空をすっかり変えてしまっています。

星の色

※魚眼レンズで空全体をうつしました。

【星には色がある】

夜空を見上げていると、あかるい1等星には赤や青、黄色など、色のちがいがあることに気づくでしょう。2等星以下のくらい星は、人間の肉眼ではすべて白色に見えてしまうのですが、実際にはこれらにも色があり、写真にうつります。この写真は、まだ街あかりが少なかったころに見た冬の星座です。

【星の温度と色】

星にさまざまな色があるのは、星がことなる温度でかがやいているためです。温度の低い星は赤っぽく、高い星は青っぽく、その中間の温度の星は黄色っぽく見えます。写真には冬の代表的な星座「オリオン座」がうつっています。ページの左上のひときわあかるく赤っぽい星は、1等星「ベテルギウス」で温度は 4,000℃以下。右下の青っぽい星は、1等星「リゲル」で10,000℃以上あります。

宇宙が見える──天の川

【銀河のすがた】
山の上にいた、ある夜のこと。
いつもは、東京や周辺の街あかりがとどいて、
真夜中でも空がぼんやりとあかるいのですが、
この日はぶあつい雲海がどこまでもひろがり、
下界のあかりをすべてさえぎってくれました。
そうして見たのが、この見事な天の川です。
ぼくたちのいる銀河系のすがたです。

宇宙からの落下物—流星

【宇宙のちりが光る】

水面をてらすほどの大流星にであいました。流星は、地球に落ちてきた宇宙の小さなちりが、空気にいきおいよくぶつかって蒸発するときに光る現象です。秒速数十mもの速さなので、小さくてもたくさんのエネルギーをもっています。もし、地球に空気がなかったら、流星は地面にはげしく衝突するでしょう。

【流星雨】

流星が雨のようにふることが、数十年に一度あります。2001年の「しし座流星雨」は、ひと晩に数千個もながれ、約10個もの流星が同時にながれることもありました。この写真は、1分間にながれた流星をおさめたものです。

✤流星のちり

流星は上空で蒸発したあと、ごく小さな玉となってふってきます。顕微鏡で見てみると、まん丸で金属のようにかがやいています。このかけらは、雲をつくる核ともなり、海の底にも、たくさんたまっています。南極の氷のなかにも入っています。

大きさ：約100分の1mm

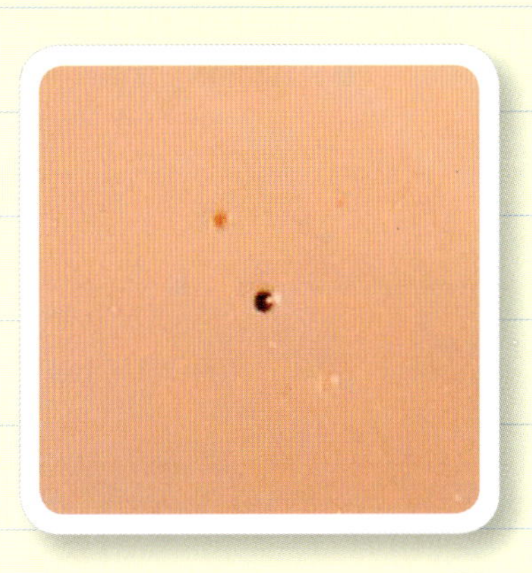

宇宙の旅人―彗星

【とつぜん空にあらわれる】

彗星はあるとき空にあらわれ、数日から数か月のあいだ空に止まったように見えつづけます。ぼくは、これまで数十個見ました。写真の百武彗星は1996年に地球に近づいた彗星です。晴れ間をさがして千葉県から福島県まで行き、とても長くのびた青白いガスの尾を撮影しました。気温は－6℃でしたが、寒さをわすれるほどの美しさでした。

【本体はよごれた氷】

彗星本体は、ちりをふくむ、よごれた氷のかたまりです。太陽に近づくと、太陽の熱や太陽風を受けて氷が蒸発し、ちりが飛び出して、本体はこわれていきます。このときに尾ができます。百武彗星のときは、ひときわ長いガスの尾を見ることができました。

夜と朝のはざま

【夜あけ前のまっ青な世界】
ひと晩じゅう星を見たあと、夜あけに向かう空を観察するのも、ぼくのすきな時間です。夜あけのはじまりには、空はわずかに白っぽく見え、それからだんだんとこい青色にそまります。そうして、しずまりかえった、まっ青

夜あけ

1日でもっとも空が美しい時間です。

日の出の約30分前から、
1分ごとに撮（と）った空のようす

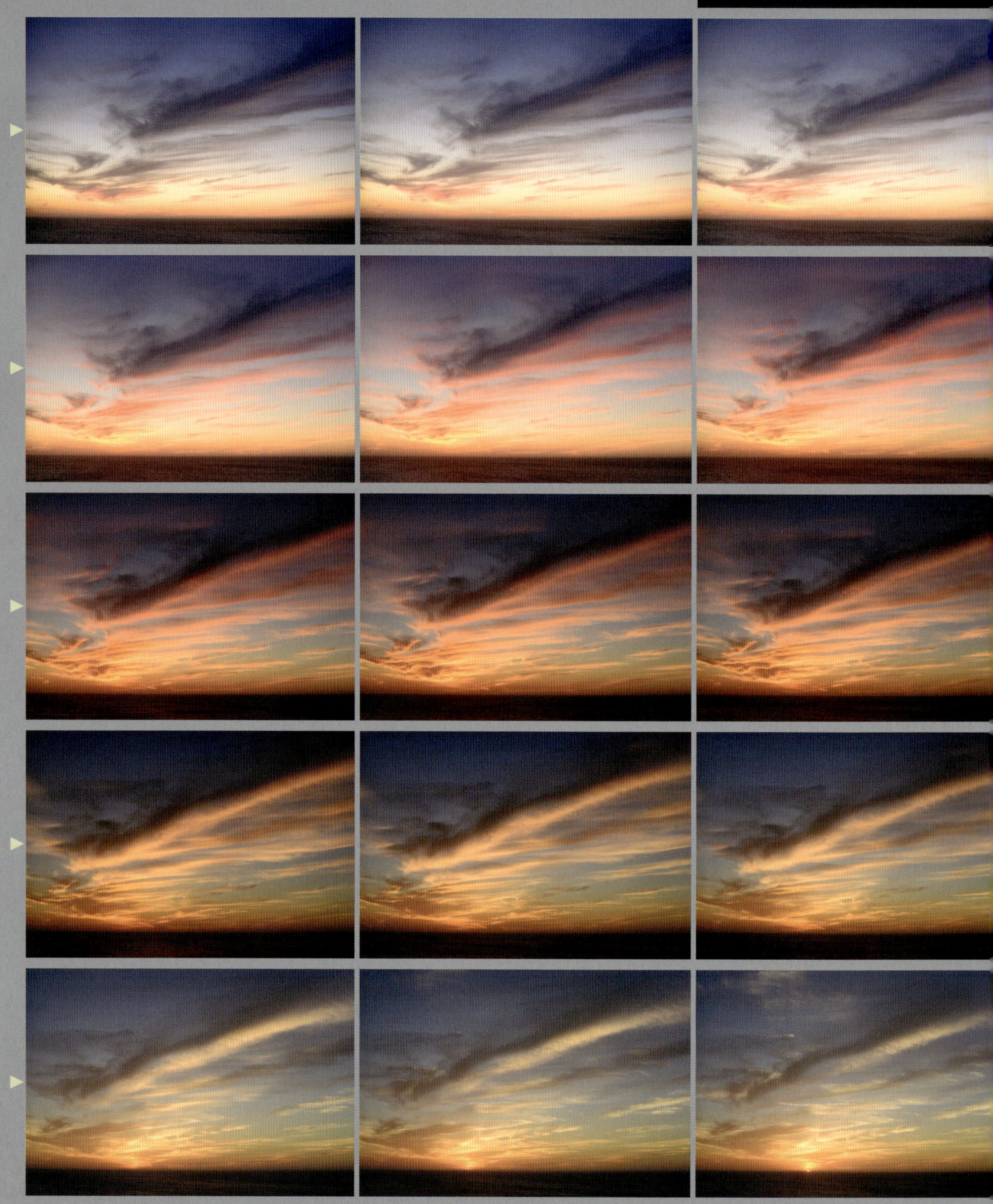

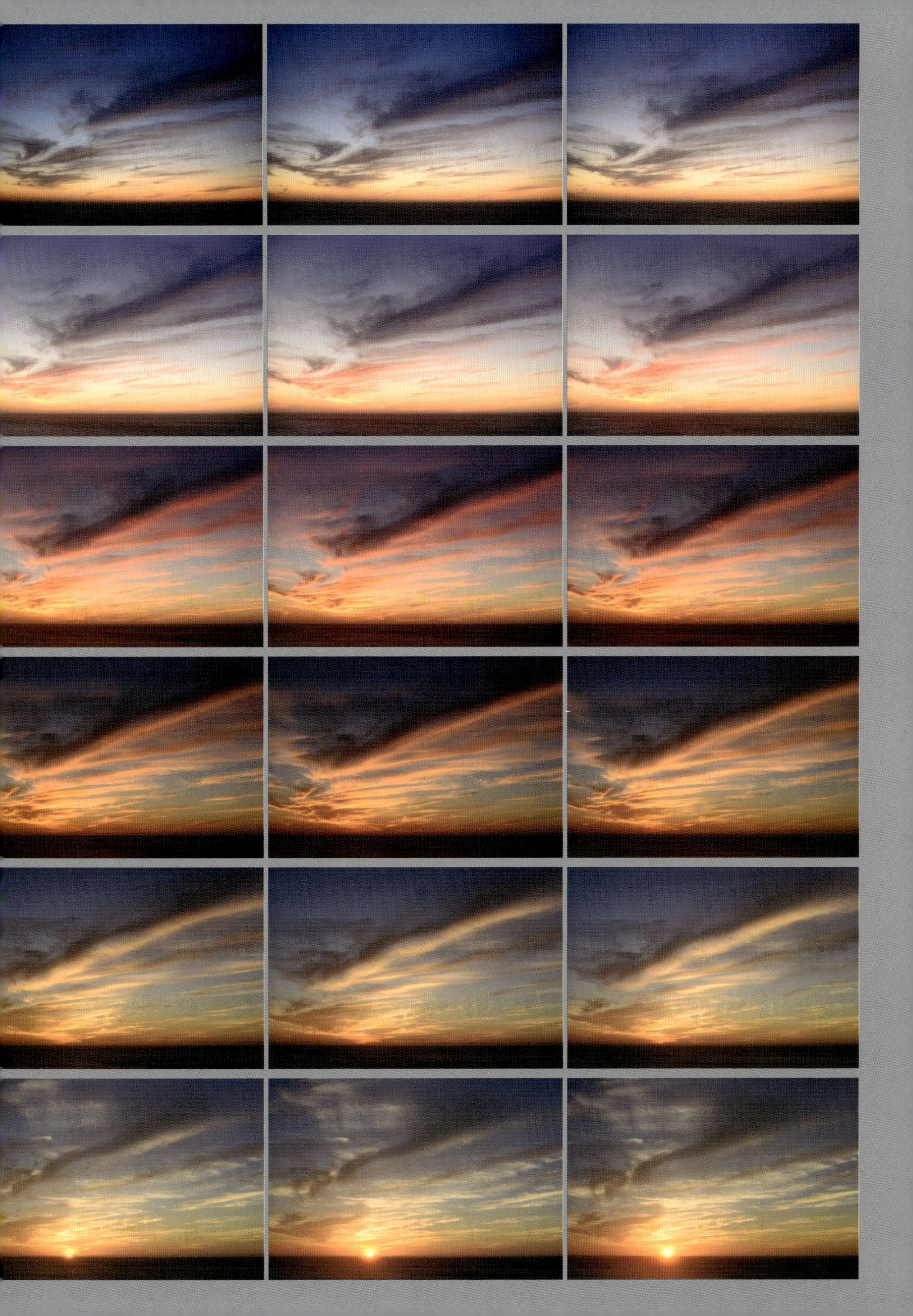

キャンピングカーの旅

高校生のときに星を見に出かけるようになって以来、北海道の知床から沖縄の西表島まで、各地を旅して空や景色を見てきました。

ぼくがとくにすきなのは夜あけです。しかし、ながめのいい場所で見ようとすると、宿にとまれません。ゆっくり寝ていたら間に合わないのです。

あるとき、念願のキャンピングカーを手に入れました。8人乗りで、ベッドをつくると4人が寝ることができます。カメラや天体望遠鏡などの機材をのせて、10年をともにすごしました。

南極へ1年間行くことが決まったときに残念ながら手ばなしましたが、またいつか乗りたいと思っています。

❶

❷

❶ぱらぱらと雨がふってきそうなしめった朝、太陽が出る前に、雲が赤くやけました。

❷富士山近くの駐車場でむかえた朝、ふうがわりなつるし雲にであいました。

4WDで、山道や雪道にも強かったです。

車内は木張りで、山小屋にいる気分が味わえました。

第5章

外国の空

高校生になって日本じゅうを旅するようになると、
「外国ではどんな空が見られるんだろう」と、
さまざまな国や地域に興味がわいてきました。実際に行ってみると、
本や写真ではわからなかった、たくさんの発見がありました。

【ウユニ塩湖・ボリビア】

ボリビアは南アメリカ大陸に位置し、標高6,000mをこえるアンデス山脈と、アマゾンの熱帯雨林をかかえる国です。ウユニ塩湖は標高3,700m、富士山とおなじくらいの高さにある塩の湖です。雨季でも水深が10cmほどしかなく、そのおかげで波が立たず、鏡のように空をうつしています。

ウユニ塩湖の天気観察

1日のあいだに、さまざまに変化します。

【スコール】

湖のまわりには砂漠があり、強い太陽の光があたって、
あちこちに積乱雲がわきます。
急に強い風がふき、はげしい雨がふりました。

【ひょう】

雷とともにふってきた
大量のひょう。雲のなかで
つくられた大つぶの氷です。

つぶの大きさ：約7mm

【蜃気楼】

水平線上に車や人がうかんで見えました。光がまがっておこる現象です。

【落雷】
雷雲がこちらに近づいてきたら、にげる場所は車のなかだけ。湖は塩水なので電気をよく通します。感電しないか心配でした。

【夕やけ】
大きな雲がさっていき、美しい夕やけの色が空と足元にひろがりました。

かつての海

湖の底の塩をかきあつめて乾燥させ、商品にしています。

ウユニ塩湖のある場所は、太古のむかし、海だったそうです。
そのころの塩分が湖の底にたまっていることが、
「塩湖」の名前の由来です。
湖は雨季のときに雨水がたまってでき、
乾季になると干上がって、まっ白な塩の大地がひろがります。

塩の結晶。サイコロのような立方体。
結晶の大きさ：最大で約4mm

湖で記念写真。
とてもあさくて、
巨大な水たまりのようでした。

塩の家

町で見かけた、塩のレンガでできた家。2階建ての立派なつくりです。

ウユニの町では、
大量にとれる塩をおどろく方法で生活に役立てていました。
地層のようにぶあつくつもった塩のかたまりを、
レンガにして家を建てていたのです。
「塩のホテル」は、ベッドまで塩でできていました。

標高3,640m、世界でもっとも高い場所にある首都ラパス。
ウユニの町へはここから飛行機かバスで移動します。

ウユニの町を空撮。
湖を見に観光客がおとずれます。

虹の島

【ハワイ諸島・アメリカ】
太平洋の島じまからなるハワイ州は、「虹の州」とよばれています。一年じゅう温暖な気候で、朝や夕に、あざやかな虹が出ます。写真はハワイ島で夕方に見た大きな虹です。東のほうから急に雨雲がやってきて虹がかかり、すぐにきえてしまいました。虹の色があざやかなのは、ハワイの空気がすんでいて、太陽の光が強いためです。

ハワイで見る虹

日本では、紫、藍、青、緑、黄、だいだい、赤の7色と数えますが、アメリカでは藍をのぞいた6色と数えます。ハワイでは、夕方の虹は雨の前に出ます。

飛行機が空港についたとたん、
大きな虹が出むかえてくれました。
滞在中は、朝に夕に、1日に何度も
あざやかなすがたを見ることができました。
日本では西からやってくる雲が、
ハワイでは東からやってきます。
そのため、虹が出るタイミングは、
日本とは逆です。

霧が出てあらわれた「白虹」。朝は雨のあとに虹が出ます。

火山と夜空

溶岩の光が雲にうつって、まるで空まで燃えているよう。

ふき出した溶岩が海にそそぎ、島は成長をつづけています。

ハワイの島じまは、
かつて海底火山の噴火によって生まれました。
いまなお噴火しているのが
ハワイ島のキラウエア火山です。
高熱の溶岩が赤あかと夜空をてらすようすに、
まさに火山が生きていることを感じます。

火山島の地形と海の色を空からながめました。(オアフ島)

ハワイ島には標高4,000m以上の火山があり、雲の上に出ると満天の星がひろがることから、たくさんの天文台があります。星空の中心は北極星です。

星空につつまれる

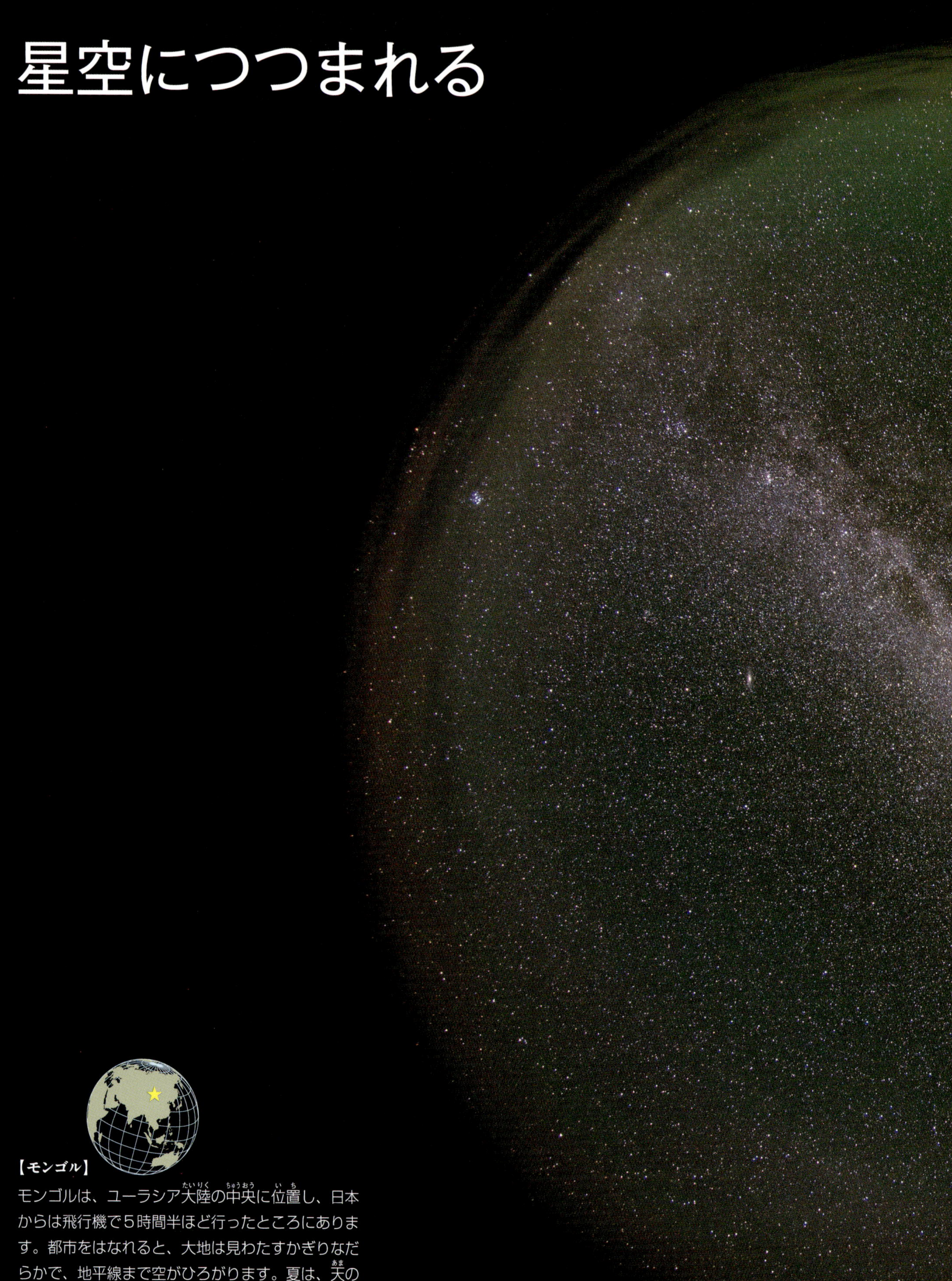

【モンゴル】

モンゴルは、ユーラシア大陸の中央に位置し、日本からは飛行機で５時間半ほど行ったところにあります。都市をはなれると、大地は見わたすかぎりなだらかで、地平線まで空がひろがります。夏は、天の川がちょうど真上にきて、まるで星空につつまれるようでした。これだけ星があると、星座はわかりません。地平線近くの緑色の光は、大気光です。

※魚眼(ぎょがん)レンズで空全体をうつしました。

モンゴルの夏と冬

夏の終わりごろ、展望台から見た大草原。なだらかな起伏はあるものの、視界をさえぎるものはなく、広大な景色がひろがります。

キャンプ場ですごした夏の夜。一面の星空。

モンゴルの夏は
暑すぎず快適ですが、
冬は−30℃まで冷えこみます。
大陸は島国よりも気温差が大きく、
きびしい環境のなかで
人や生きものがくらしています。

首都ウランバートル。高い建物が立ちならぶ都会ですが、
すぐ外側は草原がひろがります。

遊牧民がくらすゲル（移動できる家）。黒い板は太陽電池パネル。
左の丸いのは衛星の電波を受信するアンテナです。

帽子に
きれいな雪の結晶がふってきました。
結晶の大きさ：最大で約5mm

冬。きびしい冷えこみに、川は凍りついています。

−30℃の世界では、
はく息はたちまち凍ります。
帽子や首まきに白い霜がつきました。

凍てついた草原にいると、さしこむ朝日をひときわあたたかく感じました。

極寒の湖

【バイカル湖・ロシア】

バイカル湖は、ロシアのシベリア地方に位置し、大きさは琵琶湖の約46倍、深さは世界一をほこります。さらに、北海道の摩周湖と、とうめい度世界一をきそっています。12月におとずれると、気温は-10℃以下にもかかわらず、湖は凍っていませんでした。表面の水は冷えると下にしずみ、たえず循環しているためです。

水温と気温の差は約15℃。
水面から出た湯気のようなものが周辺に凍りつき、霜(しも)の世界をつくっていました。

手すりの丸いかざり。
右下から風がふきつけています。

霜のなかには、
水しぶきのつららがあります。

凍りついた湖

**バイカル湖のあるシベリア地方は、
冬の寒さがきびしい地域です。
この地で発生する「シベリア高気圧」からの冷たい風は、
日本列島の日本海側に大量の雪をふらせます。
12月の湖は凍っていませんでしたが、
3月にふたたびおとずれると、
一面、氷の世界に変わっていました。**

雪におおわれていない氷は
深い青色でした。

氷の厚さは2mほど。
車が何台通っても、びくともしません。

昼と夜の温度差で氷の体積が
変わり、ひびが入ります。

流氷のように大きな氷のかたまりが
岸辺に打ちよせられていました。

空気がきれいな場所では、
美しい雪の結晶ができます。
結晶の大きさ：約4mm

すきとおった氷は青色の光だけを通します。

くもり空でも青く見えました。

朝の気温は−5℃。4月には氷がとけはじめ、やがて春をむかえます。

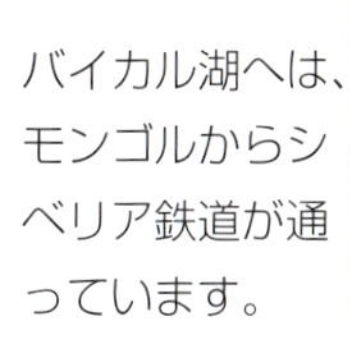

気温は−28℃。空のペットボトルがへこみました。中の空気が冷えてちぢんだのです。

バイカル湖へは、モンゴルからシベリア鉄道が通っています。

空から見た空

はじめて飛行機に乗ったとき、窓から地上を見下ろすと、まるで地図を見ているようでした。以来、飛行機ではいつも窓側にすわります。

国際線だとフライト時間が長く、アメリカ方面に向かう便ならば夕方に離陸して夜間に飛行することが多いです。そんなときは寝るひまがありません。夕やけの空を見たあとは、毛布をかぶって機内の光をさえぎり、夜空を見るのです。

雲の上の晴れわたった星空には流星も飛びます。そして、朝日がのぼるころには、空は地上よりもあざやかにかがやきます。虹が出たり、ブロッケン現象がおきたりすることもあります。

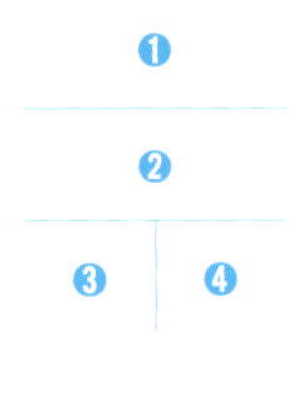

❶赤い滝のような夕やけ。すじ雲が下から夕日をあびていました。

❷夜があけてくると、南の空に、左から右へと地球のかげがのびていきました。

❸ハワイに向かう飛行機にて。目の高さに星が見えます。

❹アラスカ行きの飛行機からながめた夜あけ。

雲にうつった飛行機のかげが虹色につつまれました。ブロッケン現象です。

オーロラをたずねて

【アラスカ州・アメリカ】

アラスカは北極にもっとも近い地域のひとつ。北極の周囲には、太陽からやってくる電気をおびたつぶが、地球という大きな磁石につかまってながれこんできます。このとき空気が光るのがオーロラ現象です。はじめて見たときはあまりの美しさに、−20℃の寒さもわすれました。空全体をはげしく動き回るようすは、こわくもありました。

ぼくのオーロラコレクション

このふしぎな夜空を見に、何度もおとずれました。

あけ方近く、月がしずむころ。

川のようにながれます。

真上(まうえ)に見えるときはこんなすがたです。

緑のオーロラにもっともよくであいます。

高さによってあらわれる色が決まっています。

大きくうねり、空全体をはげしく動きました。

夜あけに紫色のオーローラを見ました。

遠くから近づいてきました。

もうすぐ夜あけ。

北極圏の光

夕ぐれ。日本では見られない空の色です。

**アラスカ州（アメリカ）は、
ぼくが最初におとずれた外国です。
大自然のなか、ひとりで車に寝とまりして
オーロラを撮影しながら、
3,000kmの道のりを移動しました。
「生きてもどれるだろうか」という
不安もありましたが、なしとげることができて、
自信につながりました。**

夕やけ。燃え立つような雲の色。

飛行機から。夜あけ間近の空にオーロラがあらわれました。

夜あけ。うね状の雲に朝日があたりました。

空高くに見えた彩雲。色があざやかです。

針葉樹林の森に虹が出ました。

氷河と海

**アラスカの雄大な景色を
つくっているもののひとつに、
巨大な氷河があります。
氷のもっとも古い部分は、
1万年もむかしのものといわれ、
何十年、何百年もかけて
ゆっくりと大地を移動します。
いま、地球温暖化によって、
この景色がうしなわれつつあります。**

氷河を船からながめてみました。１日に数十cmという速度でゆっくりと動いています。

ラッコにであいました。
寒い海でも元気です。

海岸にたどりついた
氷河は、まるでビル
がくずれ落ちるよう
にして、海にそそぎ
ます。大きなかたま
りは、とけずにあた
りをただよいます。

もっとも空気がきれいな場所

【南極】

南極大陸は地球の最南端に位置する、氷でおおわれた大陸です。大陸のなかでただひとつ、どこの国にも属さず、人がほとんどくらしていないこの場所では、飛行機はめったに上空を飛ばず、車も調査隊の車両がわずかに走るだけ。空気はすみわたっていて、空も地上の雪や氷もかがやいていました。

南極の空

※空全体の太陽の動きを1時間ごとに撮影、合成しました。

【しずまない太陽】

夏は「白夜」といって、
太陽は東西南北の空を１日かけて
ぐるりと１周し、しずみません。
昭和基地（南極にある日本の観測所）では約２か月間つづきます。

【夕日と朝日】

白夜の真夜中、地平線上を右から左へ動く太陽。真ん中が午前０時なので、右が夕日、左は朝日。

※５分ごとに撮影、合成しました。

【長い夜あけ】

白夜ではない時期でも、太陽がほぼ横に動くため、朝やけや夕やけは長くつづきます。高度約20kmに出る南極独特の雲「真珠母雲」が紫色にそまりました。

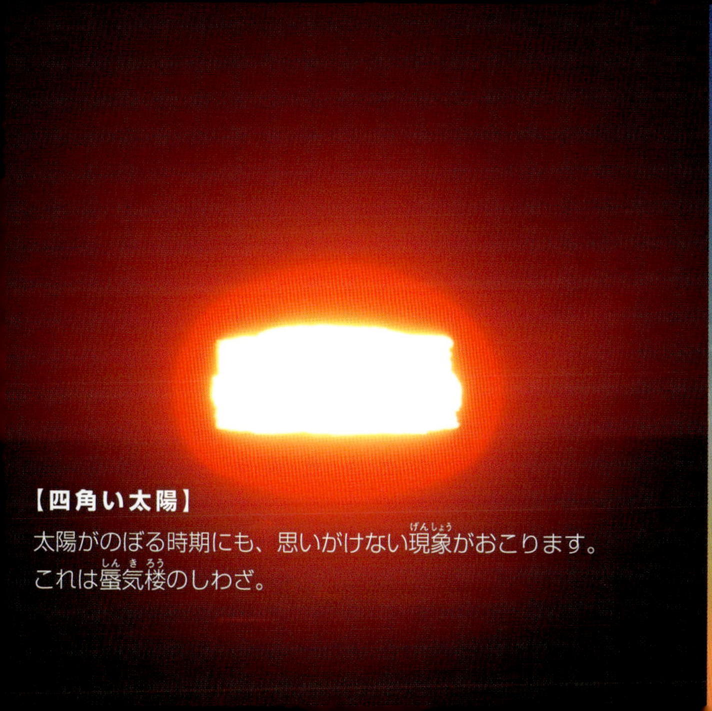

【四角い太陽】

太陽がのぼる時期にも、思いがけない現象がおこります。これは蜃気楼のしわざ。

【夜光雲】

高度約80kmと、ひときわ高い空にかがやくめずらしい雲。昭和基地では、ぼくがはじめて発見しました。

南極にくらす

2008年、念願の南極観測隊に応募し、
隊員になりました。「越冬観測」といって、
基地に着いたら約1年後まで
帰ることはできません。
現地では、二酸化炭素などの濃度、
雲や氷の状態、
空気のよごれの観測などをまかされました。
たいへんなこともあったけれど、
毎日の観測でちょっと空いた時間に
空の観察をしたりして、充実した一年でした。

冬は「極夜」といい、白夜の反対で太陽が出てこなくなります。
月がのぼり、あたりをてらしました。

オーロラにおおわれた昭和基地。ここでのくらしは、まるで宇宙ステーションにとじこめられた宇宙飛行士のような気分でした。

南極観測船「しらせ」。オーストラリアを出発し、４mもの厚さの海の氷をわりながら、３週間ほどかけて基地に着きます。

南極海の上で、方位磁石の「南」が真下をさしました。

南極半島近くで見た野生のキングペンギン。

滞在中、日本の子どもたちへ生中継で授業をしました。

大陸の氷。雪がかたまったもので、南極の空気がとじこめられています。

天の南極

南極の夜は、くもったり、月夜だったり、オーロラがあらわれたりすることが多かったのですが、ある夜に、満天の星がひろがりました。写真は、約2時間の星の動きです。星空全体が回っているように見えるのは、地球がコマのように自転しているためです。星空の中心は「天の南極」とよばれ、自転軸の延長の空をしめしています。上をななめに走る光は、ぼくの観測用のレーザー光線。

皆既日食にとりつかれて

皆既日食は太陽が月にすっぽりとかくれてしまう現象です。1、2年ごとに世界のどこかで見ることができますが、かんたんに行ける場所ではないこともあります。それでもこれまで、ハワイ、タイ、エジプト、中国、オーストラリア、インドネシア、アメリカ本土をおとずれ、その場・そのときにしか見ることのできない空を観察してきました。
「日食病」ということばがあるのを知っていますか。この世のものとはとても思えない、日食のふしぎな魅力にとりつかれてしまった人をいいます。ぼくもそのひとり。「現地に行って、どんなことがおこるのか、すべて自分の目でたしかめたい」。その思いに、強くつき動かされています。

❶「ダイヤモンド・リング(指輪)」とよばれます。
[2017年アメリカにて]

❷快晴の空に太陽コロナがはっきりと見えました。
[❶とおなじときに撮影]

❸左のふちに見える炎のようなものは、プロミネンス(太陽の表面からふき上げられたガス)。
上のふちに見えるピンク色の部分は、彩層(太陽の表層)です。
[2016年インドネシアにて]

2006年エジプトにて。太陽が月に完全にかくれたところ。白く見えるのは太陽コロナ*。空が急にくらくなり、地平線は夕やけのようでした。

* 太陽を取りまくガス層。

飛行機から見た空と海

空、地球、宇宙

大気は、地球を取りかこむ空気の層です。
この空間に、風がふき、雲がわき、雨や雪がふります。
もしも空気の層がなかったら、どうなるでしょうか。
空に美しい虹や夕やけは見られず、オーロラもおこりません。
それどころか、地表は太陽の強烈な光にさらされ、
生物は呼吸できずにほろびてしまいます。
ぼくたちは、空気にまもられてくらしているのです。

はじめて流れ星を見た日から、
宇宙への好奇心ではじまった空の探検は、
地球のふしぎとおもしろさを見つける旅になりました。
ぼくは、
いつか宇宙へも行ってみたいと思っています。
でも、宇宙は変化の少ない、まっくらな空間です。
数日もいたら、きっと地球に帰りたくなるだろうな、と思っています。

次ページ：南極大陸と空▶

空の現象の解説

本文では説明しきれなかったことがらのうち、空の現象のおおもとになっていることを中心に解説します。

天気と太陽

地球は球体なので、太陽の光のあたり方が強いところと弱いところ、かげになるところができます。すると地表や空気には温度差が生まれ、空気はふくらんだりちぢんだり、上昇したり下降したりします。こうした空気の動きは「風」となり、天気の変化をもたらします。

【しめった空気と雲】

地面や海面が太陽にあたためられると、水分の蒸発もおこります。蒸発した水分は水蒸気として空気中をただよいます。水蒸気を多くふくんだ空気はしめった風になり、雲のもとになります。

【高気圧と低気圧】

「気圧」は、空気がものを押す力のことです。空気が上昇したり下降したりすると、周りより気圧が高いところ（高気圧）と、低いところ（低気圧）が生まれます。高気圧があるところでは、空気が下降するので空は晴れます。低気圧だと、空気が上昇して雲ができやすくなるため、くもりや雨になります。地上では、高気圧から低気圧に向かって風がふいています。

日本の上空では、地上の風とはべつに、ほぼ一年中、西から東に風がふいていて（偏西風）、高気圧や低気圧はつぎつぎに移動します。そのため、高い雲は西から東にながれ、天気は西から東へうつることが多いです。

太陽の光と色

【空の色】

太陽の光はまぶしくて白く見えますが、たくさんの色がふくまれています。

日中、太陽がすぐ頭上にあるときは、散乱しやすい青っぽい光が目に多く飛びこんでくるため、空は青く見えます。朝や夕方、地平線近くにあるときは、空気のなかを長い距離までとどきやすい赤っぽい光によって、太陽も空も赤く見えます。

【虹色の現象】

光には、ものにぶつかるとおれまがったり反射したりする性質がありますが、おれまがる角度は、光の色ごとにすこしちがっています。虹やブロッケン現象、彩雲は、水滴によっておれまがって、色ごとにわかれた光が目に飛びこんでくる現象です。

地球の運動と季節の変化

【自転】

地球は、北極点と南極点をむすぶ線を軸として、コマのように回転しています。北半球の上から見ると反時計回りに、約24時間で1回転しています。これを「自転」といいます。太陽が東側の地平線からのぼり、西側にしずんでいくように見えるのは、地球が自転しているためです。

【公転】

地球は自転しながら、太陽の周りを約365日かけて1周しています。これを「公転」といいます。公転において、地球が自転する軸はまっすぐには立っていません。ななめ（約23.4度）にかたむいていて、その姿勢を保ったまま、太陽の周りを大きく回っています。

【自転・公転と季節の変化】

日本では、春・夏・秋・冬で太陽のもっとも高い位置が変わり、気温も大きく変化します。それは、地球の自転の軸が、かたむいたまま公転しているためです。北極や南極で見られる「白夜」は、太陽が一日中しずまなくなる現象ですが、これは、北極や南極のある場所（コマの上や下の方）が、その間、ずっと太陽を向いたまま自転するためです。季節によって見える星座が変わるのも、地球の公転によって太陽の見える方向が変わるためです。

日食と月食

地球は太陽の周りを回り、月は地球の周りを回っています。地球から見て、月と太陽が同じ方向で重なり、太陽が月にかくれてかけて見える現象を「日食」といいます。太陽が月にすっかりかくれる場合は「皆既日食」といいます。

「月食」は、太陽、地球、月が順にならび、満月が地球のかげに入ってかけて見える現象です。月がかげにすっかりかくれる場合は「皆既月食」といいます。

空の高さとおこる現象

地球を取りまく空気の層（大気）は、温度によって４つにわかれていて、それぞれにちがった現象がおこります。

熱圏	高度80〜500kmあたりまで	オーロラ、流星
中間圏	高度50〜80km	スプライト、夜光雲
成層圏	高度13〜50km	真珠母雲
対流圏	地表〜高度13km	雲、雨、雪、虹

【雲ができる高さ】

高い雲 高度5〜13km
すじ雲、うす雲、うろこ雲

中くらいの高さの雲 高度2〜7km
ひつじ雲、あま雲、おぼろ雲

低い雲 地表〜高度2km
きり雲、うね雲、わた雲

入道雲（大きな積雲、積乱雲）は、地表近くから中くらいや高い空まで成長します。

さいごに

空にはふしぎなこともまだたくさんあります。
自分で観察したり、さらに調べたりして、
あなたなりの「空の探検」をしてみてください。

さくいん

写真・文：武田康男（たけだ やすお）空の探検家®
1960年生まれ。気象予報士、空の写真家、大学非常勤講師。
日本気象学会会員。日本雪氷学会会員。日本自然科学写真協会会員。
東北大学理学部卒業後、高校教諭（地学）を経て、
第50次日本南極地域観測越冬隊員として2008年から2010年まで観測業務に従事。
著書に『楽しい気象観察図鑑』、『世界一空が美しい大陸 南極の図鑑』（ともに草思社刊）、
『虹の図鑑』（緑書房刊）などがある。

構成／企画・編集協力
小杉みのり

タイトル文字
野村俊夫

デザイン
鈴木康彦

参考文献（p.172〜173）
『楽しい気象観察図鑑』武田康男（草思社刊）

空の探検記　NDC451

2018年11月30日　第1刷発行

著者
武田康男

発行者
岩崎弘明　編集 大塚奈緒

発行所
株式会社岩崎書店
〒112-0005　東京都文京区水道1-9-2
電話　03（3812）9131／営業　03（3813）5526／編集
振替　00170-5-96822

印刷・製本所
図書印刷株式会社

岩崎書店ホームページ
http://www.iwasakishoten.co.jp
*
ご意見・ご感想をお寄せ下さい。
e-mail:info@iwasakishoten.co.jp

Published by IWASAKI Publishing Co.,Ltd. Printed in Japan.
ISBN978-4-265-05972-0　176p　29×22cm

落丁本・乱丁本は、送料小社負担でお取りかえいたします。